AF453440

ATLAS

D'ENTOMOLOGIE FORESTIÈRE

NANCY, IMPRIMERIE BERGER-LEVRAULT ET Cie.

...TOMOLOGIE FORESTIÈRE

PUBLIÉ

Par E. HENRY

CHARGÉ DE COURS A L'ÉCOLE NATIONALE FORESTIÈRE

---

48 PLANCHES, AVEC TEXTE EXPLICATIF

BERGER-LEVRAULT ET Cie, LIBRAIRES-ÉDITEURS

PARIS | NANCY
5, RUE DES BEAUX-ARTS | 18, RUE DES GLACIS

1892

Tous droits réservés

AVERTISSEMENT

Le *Cours de zoologie forestière* (2 volumes avec atlas), publié en 1847 par notre vénéré maître, M. Auguste Mathieu, alors professeur d'histoire naturelle à l'École forestière, et réimprimé en 1859, est depuis longtemps épuisé et une nouvelle édition de cet excellent ouvrage est devenue nécessaire.

Le premier volume traitait des vertébrés qui habitent les forêts de France, surtout des mammifères et des oiseaux, et le second des insectes forestiers.

S'il y a peu de modifications à apporter à ce que M. Mathieu disait, il y a quarante ans, de nos mammifères et de nos oiseaux, il n'en est pas de même pour l'entomologie forestière, à peine créée alors, et qui, depuis, a fait de grands progrès, grâce aux travaux de M. Mathieu lui-même, de Perris, Altum, Eichhoff, pour ne citer que les auteurs les plus importants.

Il est superflu d'insister sur l'utilité qu'il y a, pour le forestier, à connaître à fond les mœurs des insectes qui vivent dans nos bois, puisqu'il trouve dans les insectes ses ennemis les plus redoutables, aussi bien que ses auxiliaires les plus efficaces. Chacun sait que des massifs entiers peuvent être détruits rapidement par eux, comme il est arrivé tout dernièrement encore en Bavière, où la chenille du *Liparis monacha* a complètement dévasté plus de 30,000 hectares de magnifiques forêts.

Celui-là seul qui connaît le genre de vie de l'insecte et le cycle de son développement peut combattre avec succès ses terribles invasions.

Aussi nous espérons qu'une nouvelle édition de l'*Entomologie* de M. Mathieu sera bien accueillie du public forestier. Elle comprendra, comme la première, un volume de texte, qui est en préparation, et un Atlas dont nous avons cru devoir publier dès aujourd'hui une édition.

Cet Atlas renferme d'abord les 33 planches relatives à l'entomologie qui existaient dans la première édition [1] et, en outre, 15 planches nouvelles représentant les insectes qui se sont fait le plus remarquer depuis par leur nocuité. La planche 5 a été reproduite d'après les dessins de M. Regimbeau, inspecteur des forêts, et la planche 47 d'après une photographie de M. Chapelain, conservateur des forêts.

Nous remercions particulièrement le Dr Adler, de Schleswig, qui nous a permis de publier les deux belles planches qui accompagnent son ouvrage si remarquable sur la génération alternante chez les Cynipides (planches 24 et 25).

Nancy, 20 juillet 1892.

E. HENRY,

Chargé de cours à l'École nationale forestière.

---

1. Nous adressons nos sincères remerciements aux enfants de M. Mathieu, qui, dans l'intérêt de la Science, si chère à leur père, nous ont gracieusement autorisé à reproduire ces planches.

TABLE

EXPLICATION DES SIGNES

Le signe ♂ ou ☿ indique le sexe mâle.

Le signe ♀ indique le sexe femelle.

Les figures amplifiées sont accompagnées d'un trait ou d'une croix qui ramène aux dimensions vraies des individus représentés ; sinon, les dessins représentent la grandeur réelle, ou bien le texte explicatif mentionne le degré de l'amplification.

TABLE

PLANCHE I.

DÉTAILS ANATOMIQUES SUR LES INSECTES.

Fig. 1. — Calosome sycophante vu en dessus et en dessous. T, tête ;
— P, prothorax ; — MS, mésothorax ; — MT, métathorax ; — AB,
abdomen ; — A, antennes ; — PAL, palpes ; — Y, yeux composés ;
— P.A, pattes antérieures ; — P.I, pattes intermédiaires ; — P.P,
pattes postérieures ; — E, écusson.

Fig. 2. — Différentes formes d'antennes ; — 2ª, antenne sétacée ;
— 2ᵇ, *id*., capillaire ; — 2ᶜ, *id*., fusiforme ; — 2ᵈ, *id*., serriforme ; —
2ᵉ, *id*., pectinée ; — 2ᶠ et 2ᵍ, *id*., en massue ; — 2ʰ, *id*., en palette
munie d'un style plumeux ; — 2ⁱ, en lamelles ; 2ʲ, antenne coudée en
massue ; *a*, scape ; *b*, funicule ; *c*, massue.

Fig. 3. — Pièces désarticulées et grossies de la bouche d'un insecte broyeur (calosome sycophante) ; *l. s*, lèvre supérieure ou labre ;
— *ma*, mandibules ; — *m*, mâchoires ; — *p. m. i*, palpes maxillaires
internes ; — *p. m. e*, palpes maxillaires externes ; — *l. i*, lèvre inférieure ; — *me*, menton ; — *la*, languette ; — *p. l*, palpes labiaux.

Fig. 4. — Pièces désarticulées et grossies de la bouche d'un hymé-
noptère ; *l. s*, lèvre supérieure ; — *ma*, mandibule ; — *m*, mâchoires
et palpes maxillaires *p. m ;* — *me*, menton, transformé en un tube
(*promuscis*) et terminé par la languette *l* et ses deux divisions *d ;* — *p.l*,
palpes labiaux dilatés et renflés en espèces de lames à leur base.

Fig. 5. — Tête d'hémiptère (cigale), pour montrer la disposition du
rostre ; *l*, labre ; — *r*, rostre formé par la lèvre inférieure ; — *a* et *b*,
soies déviées de leur position, ordinairement contenues dans le rostre
et représentant les mandibules et les mâchoires ; — *v*, vertex ; — *y*,
yeux composés.

Fig. 6. — *s. p*, spiritrompe de lépidoptère formée par les mâchoires ;
— *p. m*, palpes maxillaires ; — *m*, menton ; — *l*, languette ; — *p. l*,
palpes labiaux très développés ; l'un d'eux est dépourvu de ses poils.

Fig. 7. — Trompe de diptère.

Fig. 8. — Coupe verticale de l'œil (grossi) d'une libellule ; *a*, cornée ;
— *b*, pigment représentant la choroïde ; — *c*, filets nerveux aboutis-
sant à chaque facette et se réunissant en un seul nerf optique.

Fig. 9. — Pattes de différents insectes ; 9ª, patte postérieure du hanneton commun ; *h*, hanche ; *t*, trochanter ; *c*, cuisse ; *j*, jambe ; *t*, tarse
de 5 articles ; *c*, crochets terminaux ; — 9ᵇ, patte postérieure d'une
abeille ; *c*, cuisse ; *j*, jambe ; *t*, tarse dont le premier article est dilaté
en palette, *p ;* — 9ᶜ, patte postérieure d'une sauterelle ; *t*, tarse de
4 articles, le 3ᵉ cordiforme ; — 9ᵉ, patte antérieure du dystique marginé mâle ; *d*, disque formé par la réunion et la dilatation des 3 pre-
miers articles du tarse ; 9ᵈ, le disque précédent vu en dessous pour
montrer les petites ventouses dont il est muni.

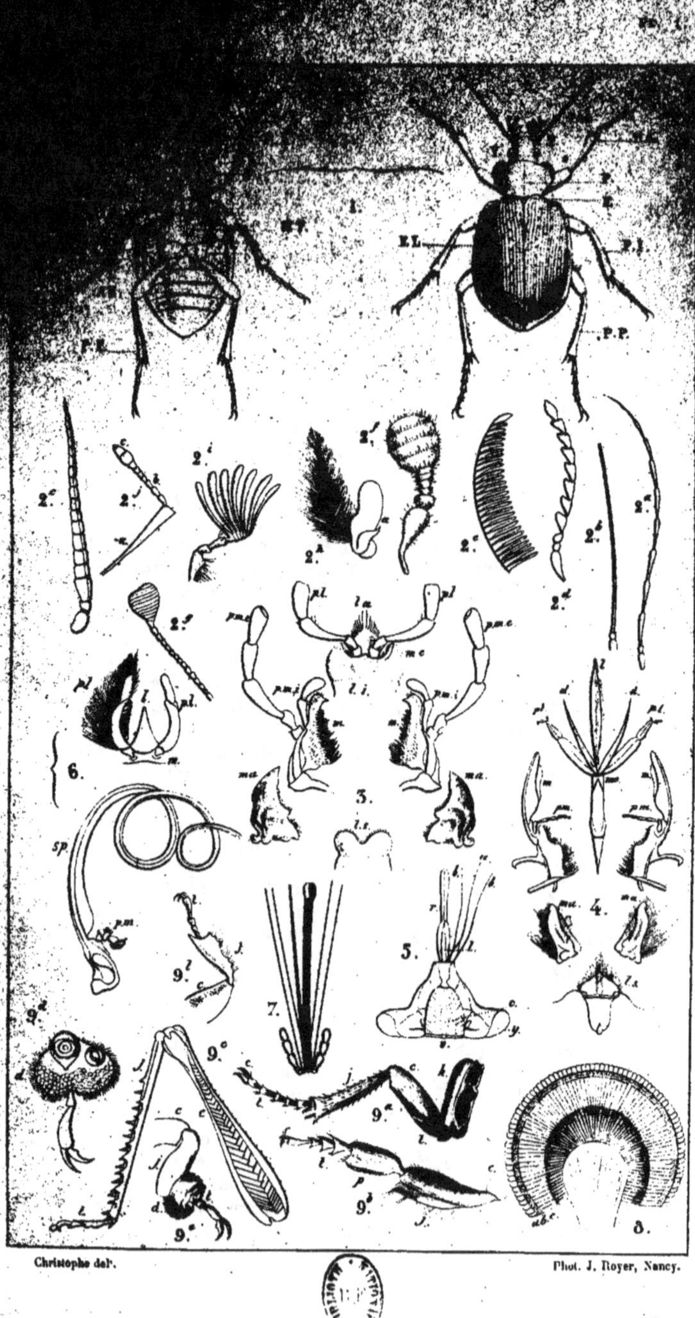

Christophe del.
Phot. J. Royer, Nancy.

PLANCHE II.

—

Fig. 1. — Appareil de circulation. Vaisseau dorsal du hanneton commun, isolé et vu de profil ; *a*, région postérieure divisée en chambres et représentant le cœur ; — *b*, région antérieure représentant l'artère aorte.

Fig. 2. — Appareil respiratoire de la nèpe cendrée (hémiptère hydrocorise), destiné à montrer la disposition des stigmates, des trachées et des sacs aériens.

Fig. 3. — Appareil digestif d'un insecte broyeur phyllophage (hanneton commun) ; *o*, œsophage ; — *j*, jabot, le gésier manque ; — *v*, ventricule chylifique fort allongé ; — *v, h*, vaisseaux hépatiques ou tubes de Malpighi ; — *c* et *co*, renflement de l'intestin paraissant représenter le cœcum et le colon ; — *r*, rectum.

Fig. 4. — Appareil digestif d'un insecte broyeur carnassier (cicindèle champêtre) ; *o*, œsophage ; — *j*, jabot ; — *g*, gésier ; — *v*, ventricule chylifique ; *v. h*, vaisseaux hépatiques ; — *i*, intestin grêle ; — *c*, cœcum ; — *r*, rectum.

Fig. 5. — Appareil digestif d'un insecte suceur (hémiptère hydrocorise). *g. s*, glandes salivaires ; — *b. s*, bourses salivaires ; — *v*, ventricule chylifique très allongé ; — *v. h*, vaisseaux hépatiques ; — *i*, intestins sans régions distinctes ; — *v. n*, vessie natatoire ; — *r*, rectum ; — *t*, tendons musculaires destinés à mouvoir le rostre.

Fig. 6. — Appareil nerveux d'une chrysalide de sphinx ; 1, ganglion sus-œsophagien ; 2, ganglion sous-œsophagien ; 3, 4 et 5, ganglions thoraciques ; 6, 7, 8, 9, 10 et 11, ganglions abdominaux.

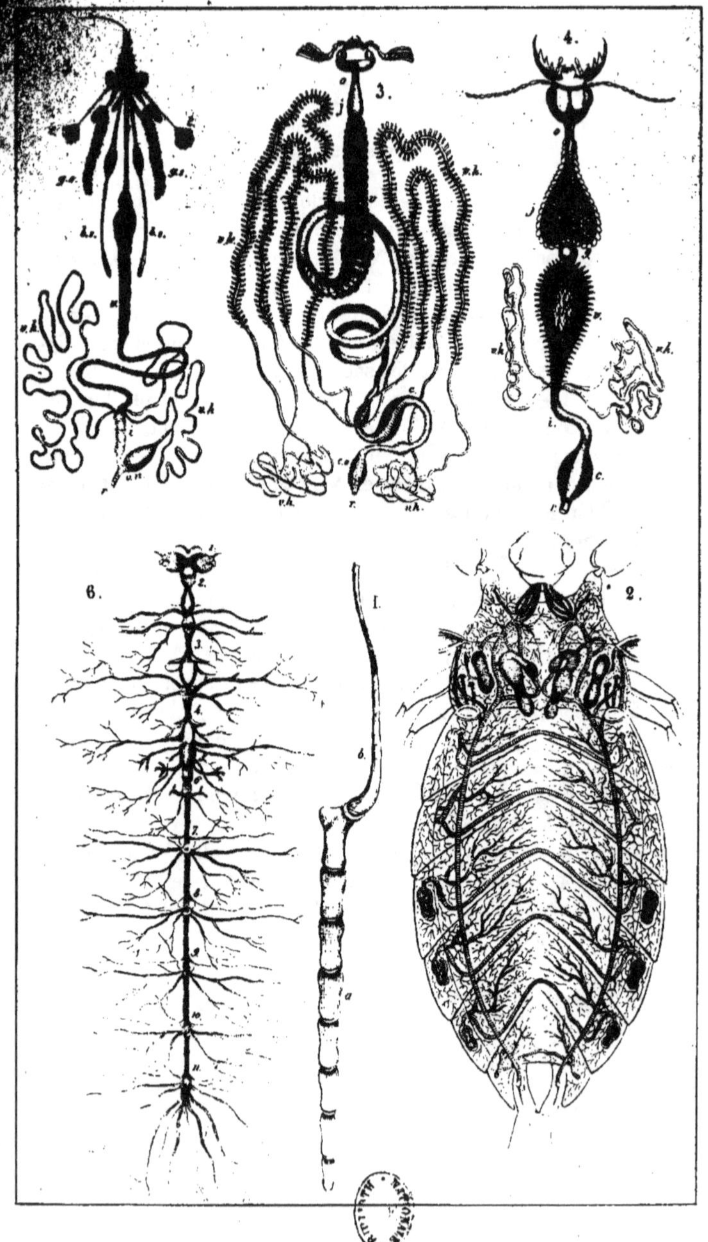

PLANCHE III.

—

COLÉOPTÈRES

CICINDÉLIDES

Fig. 1. — Cicindèle champêtre (*Cicindela campestris*. Lin.). 1ª larve.

CARABIDES

Fig. 2. — Carabe doré (*Carabus auratus*. Lin.). 1ª larve.

Fig. 3. — Carabe granulé (*Carabus granulatus*. Lin.).

Fig. 4. — Procruste coriace (*Procrustes coriaceus*. Lin.).

Fig. 5. — Calosome sycophante (*Calosoma sycophanta*. Lin.). 5ª larve.

Fig. 6. — Féronie noire (*Feronia nigra*. Fab.)

DYTICIDES

Fig. 7. — Dytisque marginé, ♂ et ♀ (*Dytiscus marginalis*. Fab.). 7ª larve.

STAPHYLINIDES

Fig. 8 — Staphylin odorant *Staphylinus olens*. Muller). 8ª larve; 8ᵇ nymphe.

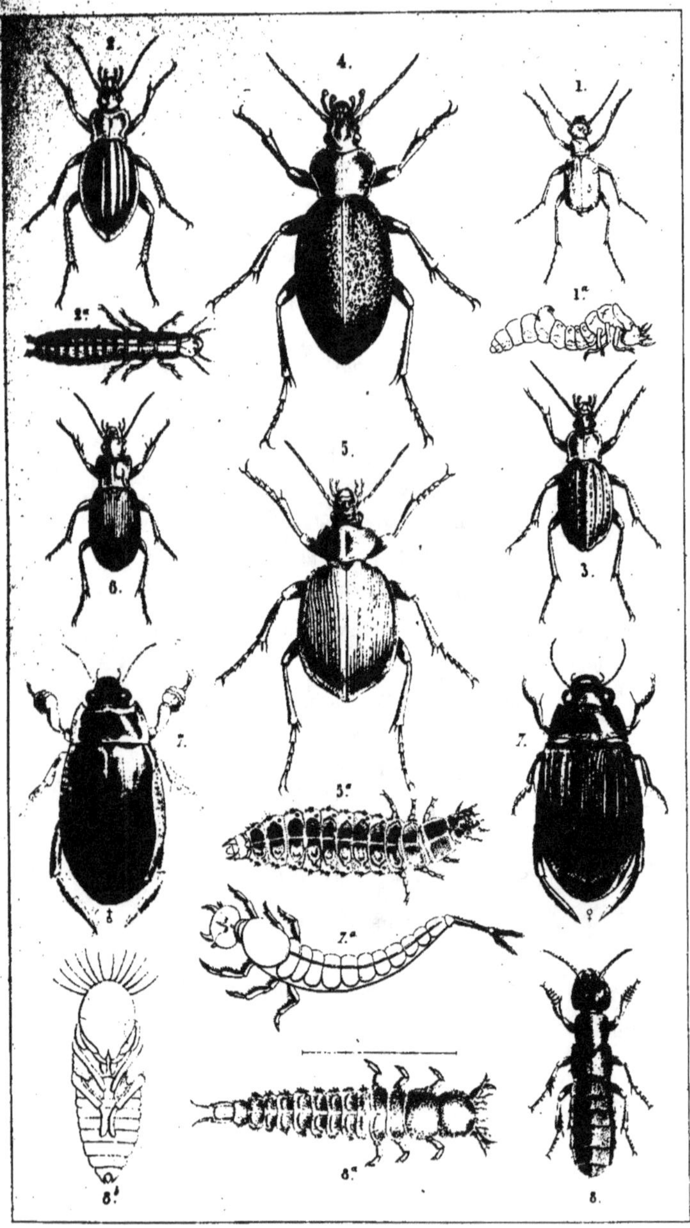

PLANCHE IV.

—

COLÉOPTÈRES

BUPRESTIDES

Fig. 1. — Corœbus bifasciatus Oliv. ♂

Fig. 2. — Corœbus bifasciatus Oliv. ♀

Fig. 3. — Larve à son entier développement.

Fig. 4. — Larve au moment de la nymphôse.

Fig. 4'. — Son prothorax (grossi) vu en dessus.

Fig. 5. — Nymphe vue en dessus.

Fig. 6. — Galerie de la larve, au milieu de sa longueur (Bois écorcé).

Fig. 7. — Dernière étape du cheminement de la larve ; *a b c d e f g h : de,* galerie annulaire ; *fgh,* boucle finale ; *gh,* chambre de nymphôse ; *h,* trou de sortie (Bois écorcé).

Fig. 8. — Chambre de nymphôse occupant la partie inférieure de la boucle (cas ordinaire).

Fig. 9. — Chambre de nymphôse occupant la partie supérieure de la boucle.

Fig. 10. — Coque de l'ichneumonide parasite du Corœbus.

Fig. 11. — Cet ichneumonide (*Lissonota,* Grav.) ♂

Fig. 12. — Cet ichneumonide (*Lissonota,* Grav.) ♀

Fig. 13. — Corœbus dans sa cellule, prêt à sortir (Bois non écorcé.

Fig. 14. — Coque de l'ichneumonide dans la chambre de nymphôse du Corœbus. L'ichneumonide, dont la larve a fait périr celle du Corœbus avant qu'elle ait pratiqué son trou de sortie, ne pourra percer sa prison et mourra sur place. (Bois non écorcé).

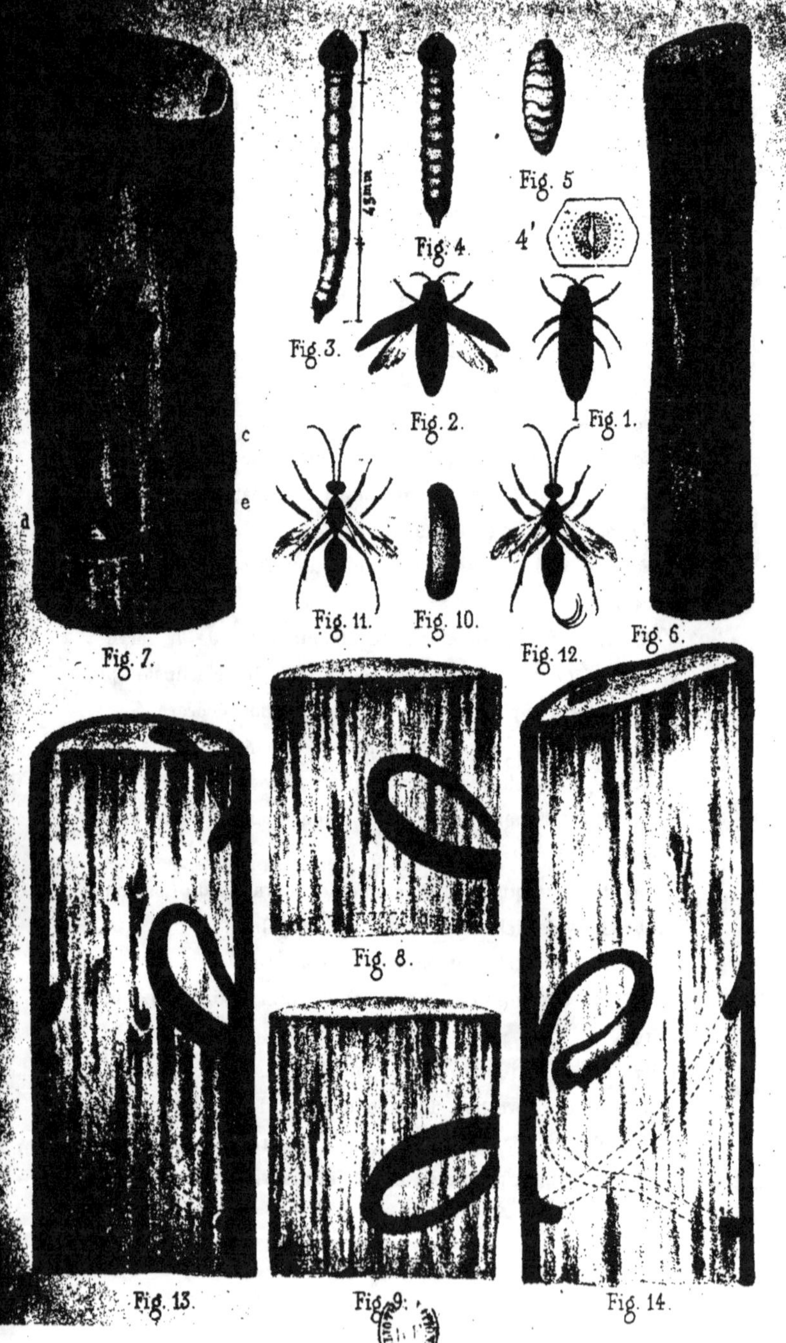
Fig. 4.
Fig. 5
4'
Fig. 3.
Fig. 2.
Fig. 1.
Fig. 11.
Fig. 10.
Fig. 6.
Fig. 12.
Fig. 7.
Fig. 8.
Fig. 13.
Fig. 9.
Fig. 14.
a
c
e
4mm

—

COLÉOPTÈRES

BUPRESTIDES

1. Agrilus tenuis Ratzeb. et sa larve (gr. nat.). Au-dessus, section longitudinale à travers la chambre de nymphôse *ab*.

1ᵃ Tige écorcée (gr. nat.) montrant l'extrémité des galeries des larves d'Agrilus. Entrée (*b*) et trou de sortie (*a*) de la chambre de nymphôse.

2 Chrysobothrys affinis. Fab. (gr. nat.).

2ᵃ Sa larve vue par dessus (gr. nat.).

2ᵇ Sa larve vue de côté (gr. nat).

2ᶜ Galeries de larves à divers âges (gr. nat.).

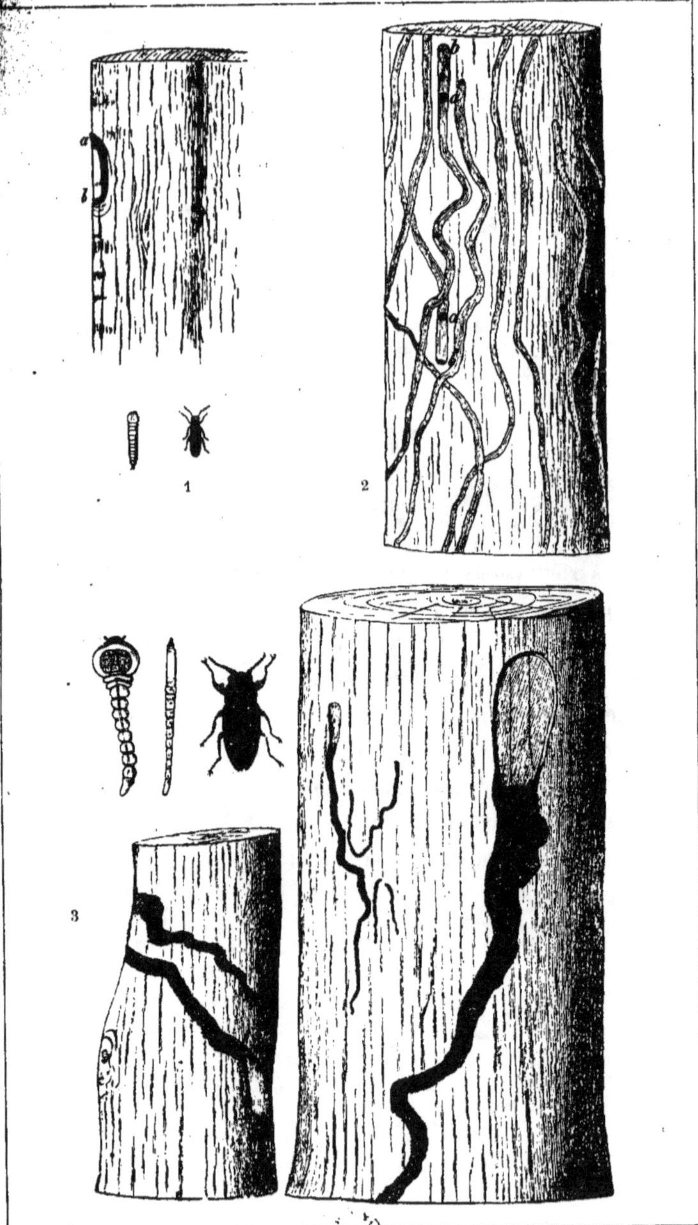

PLANCHE VI.

—

COLÉOPTÈRES

BUPRESTIDES

Fig. 1. — Agrile du hêtre (*Agrilus fagi.* Ratz.). 1ᵃ sa larve.

ÉLATÉRIDES

Fig. 2. — Taupin sanguin (*Elater sanguineus.* Lin.). 2ᵃ portion inférieure pour faire voir la pointe prosternale qui s'engage dans une cavité du mesosternum.

MALACODERMES

Fig. 3. — Lampyre ver-luisant, ♂ (*Lampyris noctiluca.* Lin.). 3ᵃ, lampyre, ver-luisant, ♀.

CLÉRIDES

Fig. 4. — Tille formicaire et sa larve (*Thanasimus formicarius.* Lat.).

Fig. 8. — Lymèxylon naval, ♂ et ♀ (*Lymexylon navale.* Fab.).

ANOBIIDES

Fig. 5. — Vrillette molle (*Ernobius mollis.* Lin.).

Fig. 6. — Vrillette marquetée (*Xestobium tessellatum.* Fab).

Fig. 7. — Ptilin pectinicorne (*Ptilinus pectinicornis.* Lin.).

HISTÉRIDES

Fig. 9. — Escarbot lunulé. (*Hister lunatus.* Fab.).

SILPHIDES

Fig. 10. — Bouclier quadriponctué (*Silpha* [*xylodrepa*] *quadripunctata.* Lin.).

Fig. 11. — Nécrophore fossoyeur (*Necrophorus vespillo.* Lin.):

DERMESTIDES

Fig. 12. — Dermeste du lard (*Dermestes lardarius.* Lin.).

HYDROPHILIDES

Fig. 13. — Hydrophile brun (*Hydrophilus piceus.* Lin.).

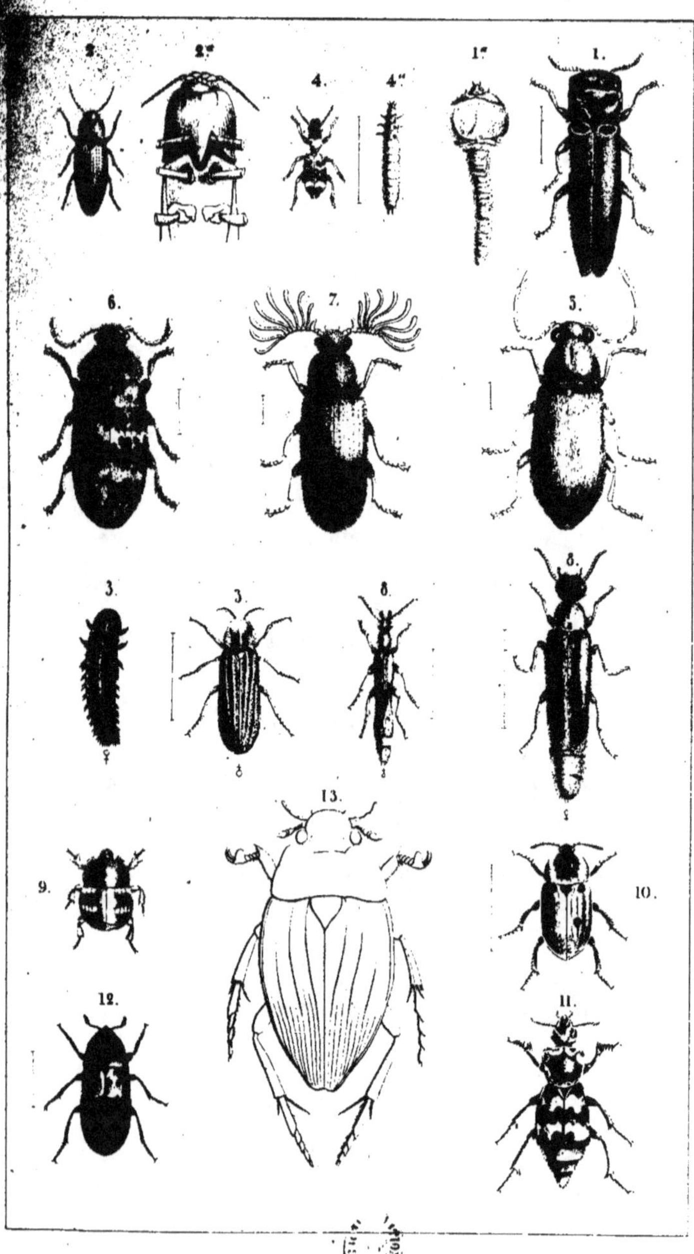

—

COLÉOPTÈRES

SCARABÉIDES

Fig. 1. — Bousier lunaire, ♂ (*Copris lunaris.* Lin).

Fig. 2. — Géotrupe stercoraire (*Geotrupes stercorarius.* Lin.).

Fig. 3. — Trichie noble (*Gnorimus nobilis.* Lin.).

Fig. 4. — Cétoine dorée (*Cetonia aurata.* Lin.).

Fig. 5. — Hanneton de frisch (*Anomala Frischi.* Fab.).

Fig. 6. — Hanneton du solstice (*Rhizotrogus solstitialis.* Lin).

Fig. 7. — Hanneton du maronnier d'Inde ♂, (*Melolontha hip-pocastani.* Fab.).

Fig. 8. — Hanneton commun, ♂ (*Melolontha vulgaris.* Fab.). 8ª, œufs ; 8ᵇ, larve ; 8ᶜ, nymphe.

Fig. 9. — Hanneton foulon, ♂ (*Polyphylla fullo.* Lin.).

LUCANIDES

Fig. 10. — Lucane cerf-volant, ♂ (*Lucanus cervus.* Lin.).

Fig. 11. — Lucane parallélipipède (*Dorcus parallelipipedus. Lin.*).

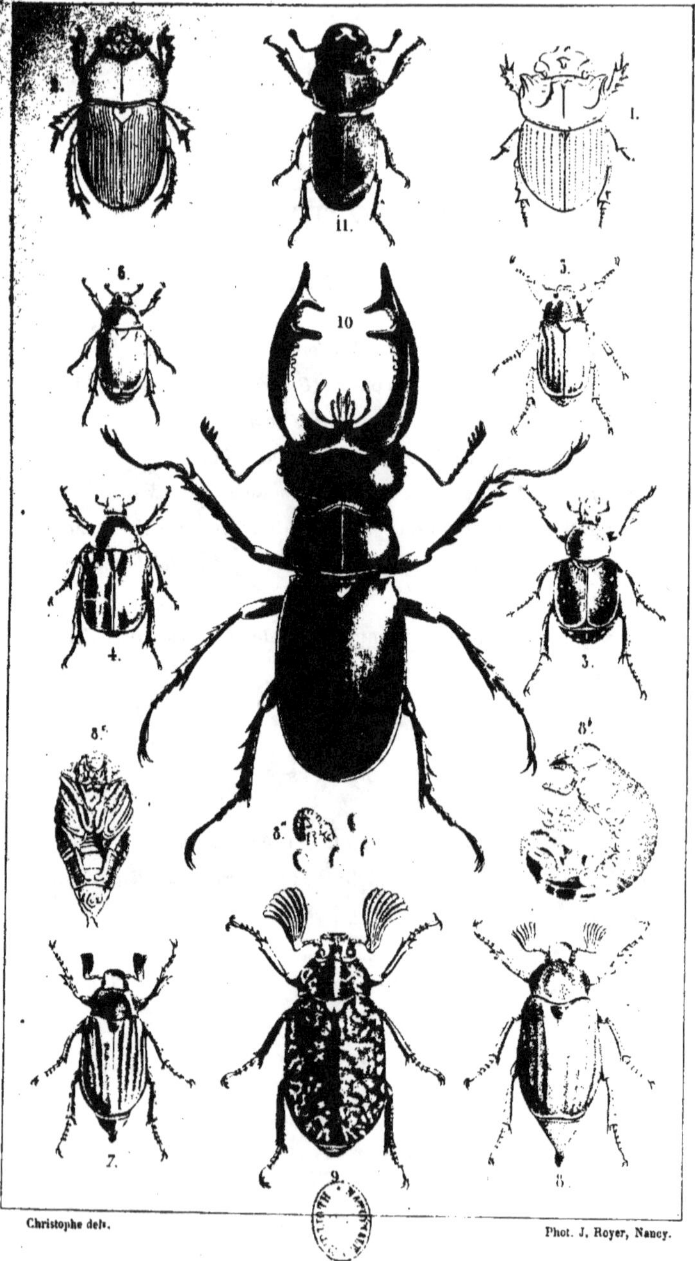

Christophe del^t.

Phot. J. Royer, Nancy.

PLANCHE VIII.

—

COLÉOPTÈRES

TÉNÉBRIONIDES

Fig. 1. — Ténébrion de la farine (*Tenebrio molitor.* Lin.).

MELOÏDES

Fig. 2. — Cantharide vésicante (*Lytta vesicatoria.* Lin.).

CURCULIONIDES

Fig. 3. — Apodère du coudrier (*Apoderus coryli.* Lin.). 3ᵃ . feuille enroulée par cet insecte.

Fig. 4. — Rhynchite métallique (*Rhynchites* [*Rhinomacer*] *betuleti.* Fab.).

Fig. 5. — Feuille de bouleau découpée et enroulée par le rhynchite du bouleau (*Rhynchites betulæ.* Lin.).

Fig. 6. — Strophosomus du coudrier (*Strophosomus coryli.* Fab.).

Fig. 7. — Brachydère blanchâtre (*Brachyderes incanus.* Lin.).

Fig. 8. — Hylobe du pin (*Hylobius abietis.* Lin.).

Fig. 9 — Phyllobie argentée (*Phyllobius argentatus.* Lin.).

Fig. 10. — Pissode noté (*Pissodes notatus.* Fab.). 10ᵃ, pied d'un jeune pin rongé par le pissode noté.

Fig. 11. — Pissode du sapin (*Pissodes piceæ.* Illig.). 11ᵃ, portion d'écorce de sapin vue en dessous, montrant une galerie de cet insecte.

Fig. 12. — Brachonyx indigène (*Brachonyx indigena.* Herbst.). 12ᵃ, aiguilles de pin rongées par cet insecte.

Fig. 13. — Balanine des glands (*Balaninus glandium.* Marsh.).

Fig. 14. — Orcheste du hêtre (*Orchestes fagi.* Illig). 14ᵃ, feuille de hêtre rongée par cet insecte et contenant la coque dans laquelle il s'est transformé en nymphe.

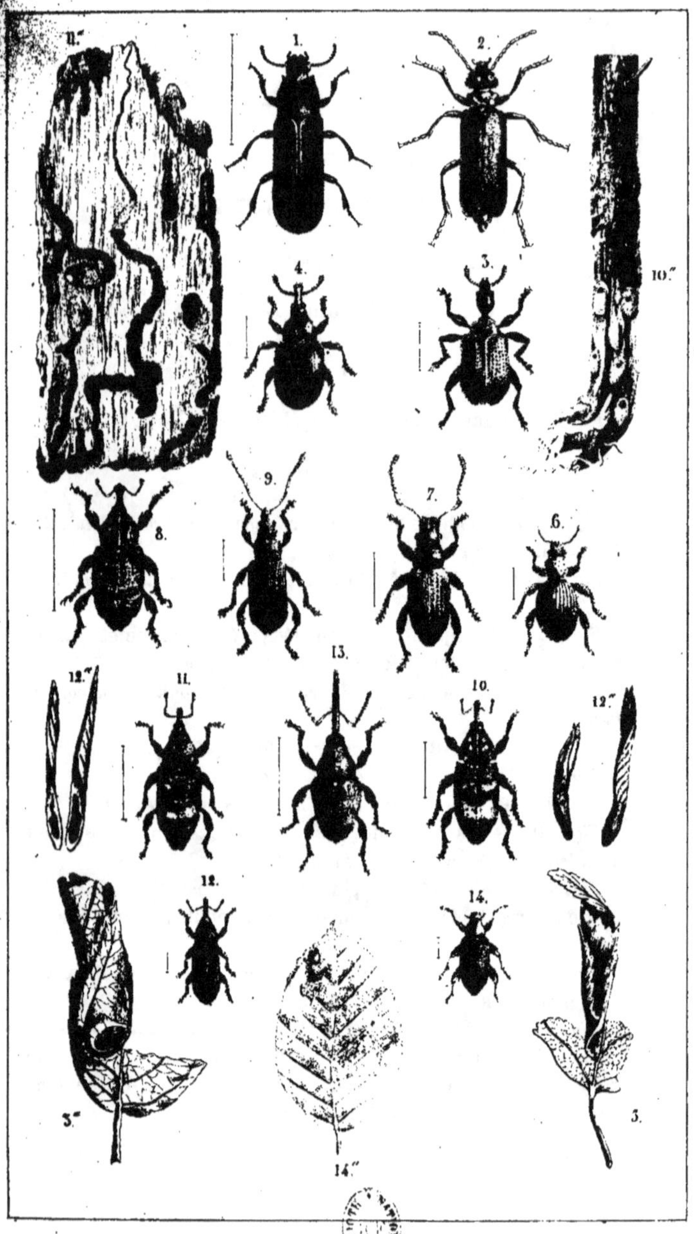

PLANCHE IX.

—

COLÉOPTÈRES

CURCULIONIDES

Fig. 1. — Cryptorhynque de l'aune (*Cryptorhynchus lapathi*. Lin.) et ses dégâts sur l'aune glutineux.

Fig. 2. — Hylobe du pin (*Hylobius abietis*. Lin.). A gauche, l'insecte parfait et ses dégâts. A droite, la larve avec un fragment de racine (réduit) montrant les galeries des larves et les chambres de nymphôse.

SCOLYTIDES

Fig. 3. — Cryphale du sapin (*Cryphaluspiceœ*. Ratz.).

Fig. 4. — Sa galerie de ponte, *a*, et les galeries des larves, *b*, en février, sous une écorce de sapin de 5$^{m/m}$ d'épaisseur, avec des insectes fraîchement éclos dans les chambres de nymphôse.

1   2

3   4

—

COLÉOPTÈRES

SCOLYTIDES

Fig. 1. — Bostriche typographe (*Tomicus typographus.* Lin.).
1ᵃ son tarse ; 1ᵇ larve ; 1ᶜ nymphe.

Fig. 2. — Bostriche sténographe (*Tomicus stenographus.* Dufts.).

Fig. 3. — Bostriche du mélèze *(Tomicus laricis.* Fab.).

Fig. 4 — Bostriche curvidenté, ♂ (*Tomicus curvidens.* Germ.).

Fig. 5. -- Bostriche chalcographe, ♂ (*Tomicus chalcographus.* Lin.).

Fig. 6. — Bostriche velu, ♀ *(Dryocœtes villosus.* Fab.).

Fig. 7. — Bostriche liseré, ♀ *(Trypodendron lineatum.* Ol.).

Fig. 8. — Scolyte destructeur (*Scolytus destructor.* Oliv.)·
8ᵃ son abdomen vu de profil ; 8ᵇ son tarse.

Fig. 9. — Scolyte de Ratzeburg (*Scolytus Ratzeburgi.* Jans.).
9ᵃ *id.*, vu de profil.

Fig. 10. — Scolyte embrouillé (*Scolytus intricatus.* Ratzeb.)
abdomen vu de profil ; 10ᵇ , larve ; 10ᶜ, nymphe.

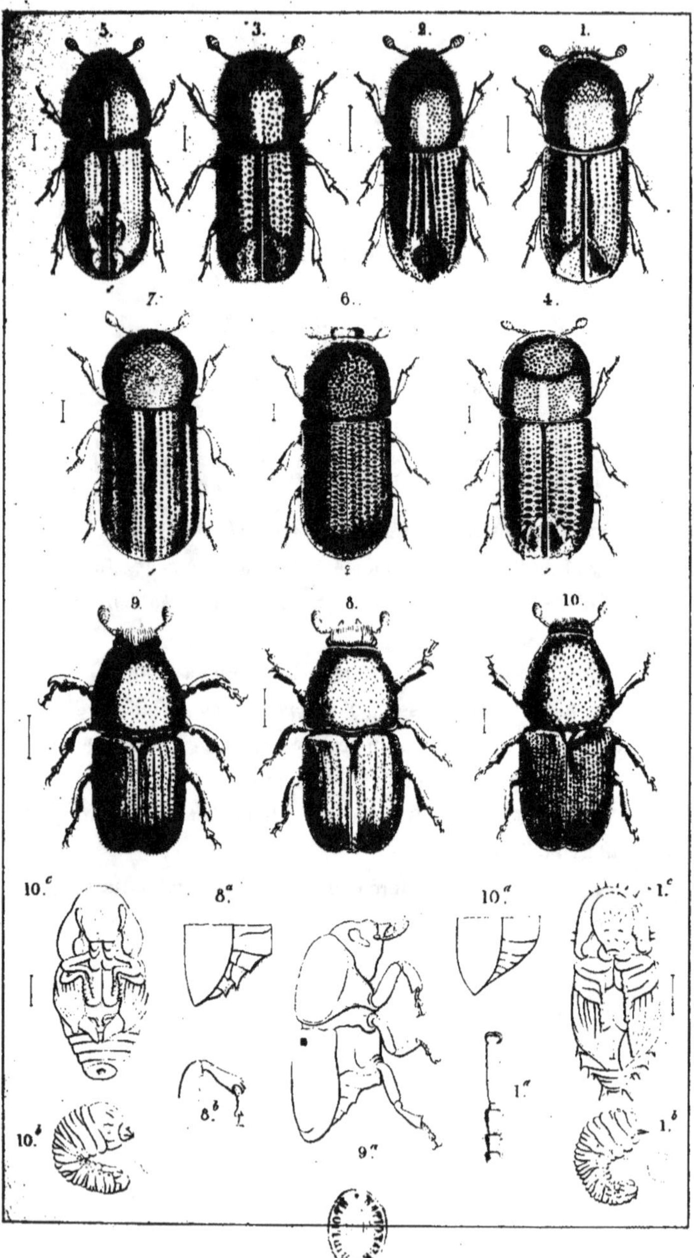
5.
3.
2.
1.
7.
6.
4.
9.
8.
10.
10.ᶜ
8.ᵃ
10.ᵃ
1.ᶜ
8.ᵇ
9.ᵃ
1.ᵃ
10.ᵇ
1.ᵇ

—

COLÉOPTÈRES

GALERIES DE DIFFÉRENTES ESPÈCES DE SCOLYTIDES

Dimensions réduites.

Fig. 1. — Galeries du bostriche typographe sur l'écorce de l'épicea.

Fig. 2. — Galeries du bostriche chalcographe sur l'écorce de l'épicéa.

Fig. 3. — Galeries du bostriche du mélèze sur l'écorce du pin.

Fig. 4. — Galeries du scolyte destructeur sur l'écorce de l'orme.

Fig. 5. — Galeries du scolyte de Ratzeburg sur l'écorce du bouleau.

Fig. 6. — Galeries du bostriche curvidenté sur l'écorce du sapin.

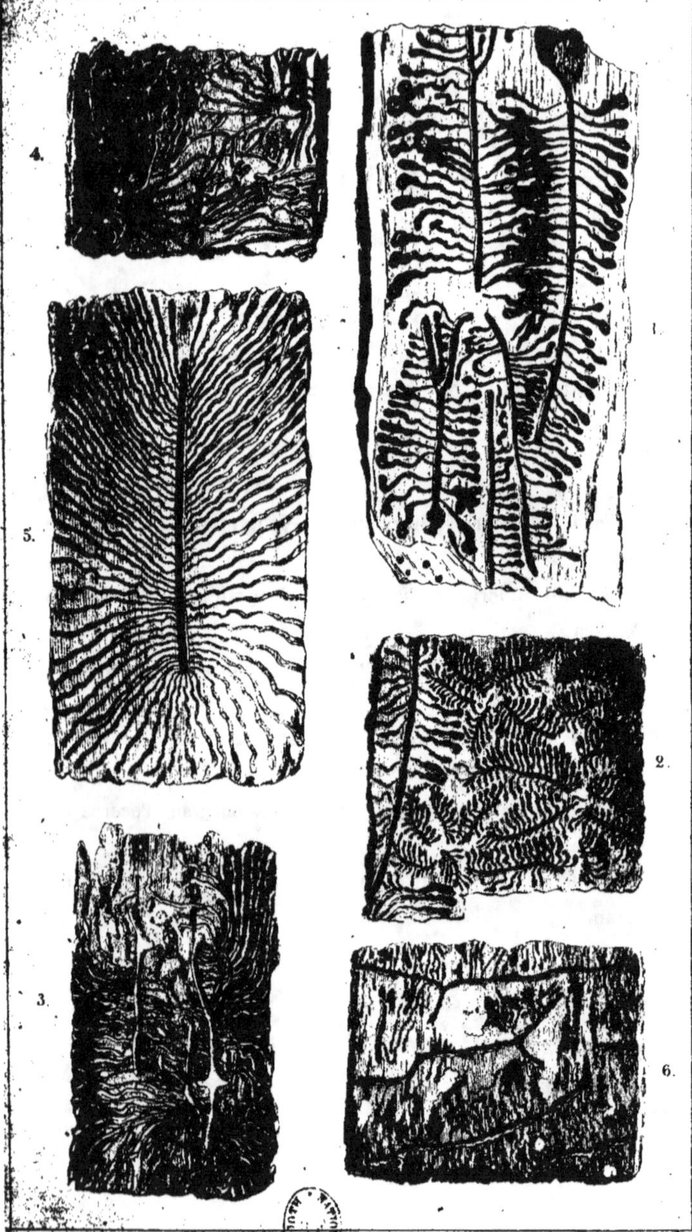

—

COLÉOPTÈRES

SCOLYTIDES

Fig. 1 — Bostriche disparate ♂ (*Xyleborus dispar.* Fab.).

Fig. 1ᵃ. — Bostriche disparate ♀.

Fig. 1ᵇ . — Ses galeries dans une tige de hêtre.

Fig. 2. — Bostriche dryographe ♀ (*Xyleborus dryographus.* Ratz.)

Fig. 2ᵃ. — Prothorax du *X. dryographus* ♂.

Fig. 3. — Bostriche monographe ♀ (*Xyleborus monographus.* Fab.).

Fig. 3ᵃ. — Galeries creusées par les femelles dans une tige de chêne.

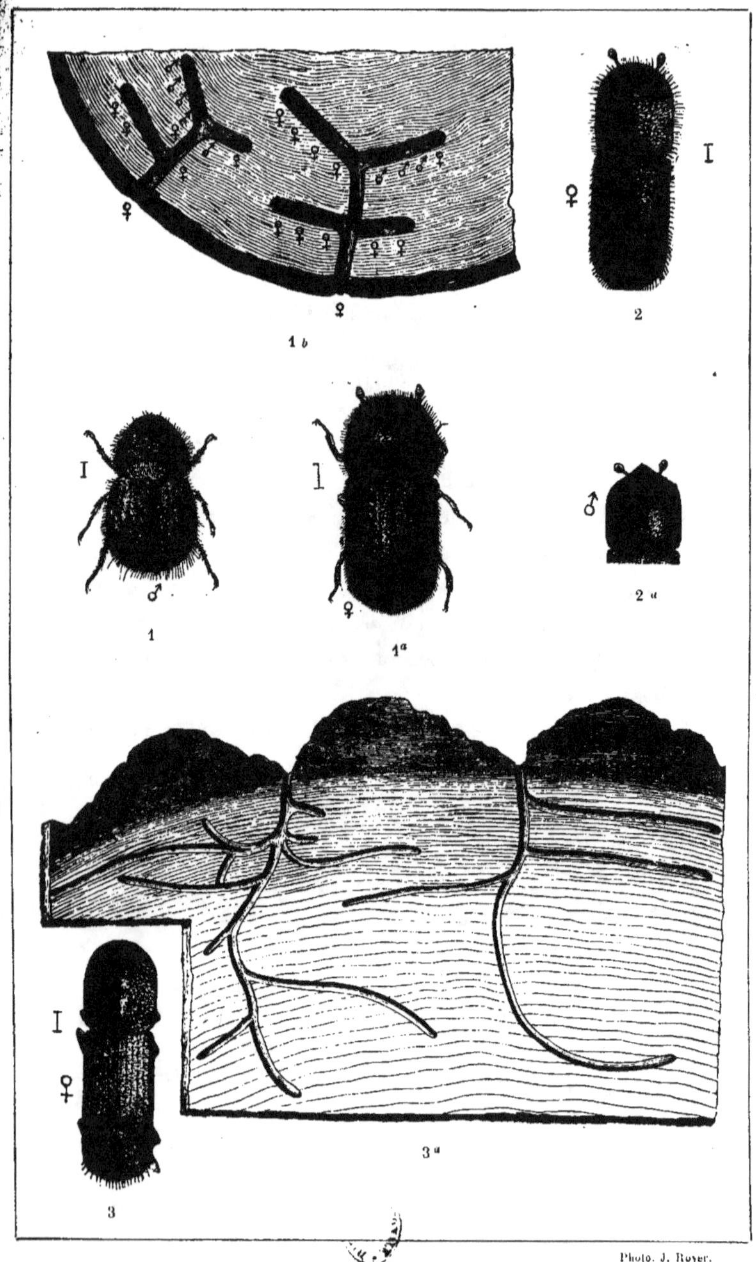

PLANCHE XIII.

—

COLÉOPTÈRES

SCOLYTIDES

Fig. 1. — *Dendroctonus micans.* Kugel.

Fig. 2. — *Scolytus multistriatus.* Marsh.

Fig. 2ᵃ . — Ses galeries dans l'aubier du chêne : *a,* galerie de ponte ; *b,* galeries des larves.

Fig. 3. — Galeries de ponte d'*Hylesinus Kraatzi,* Eichh. (horizontales) et de *Scolytus multistriatus* (verticale) avec galeries des larves sous une écorce d'orme.

Fig. 4. — Galeries du Trypodendron lineatum (*bostriche liseré*) dans un épicéa des Vosges.

Fig. 4ᵃ . — Antenne du Tr. lineatum.

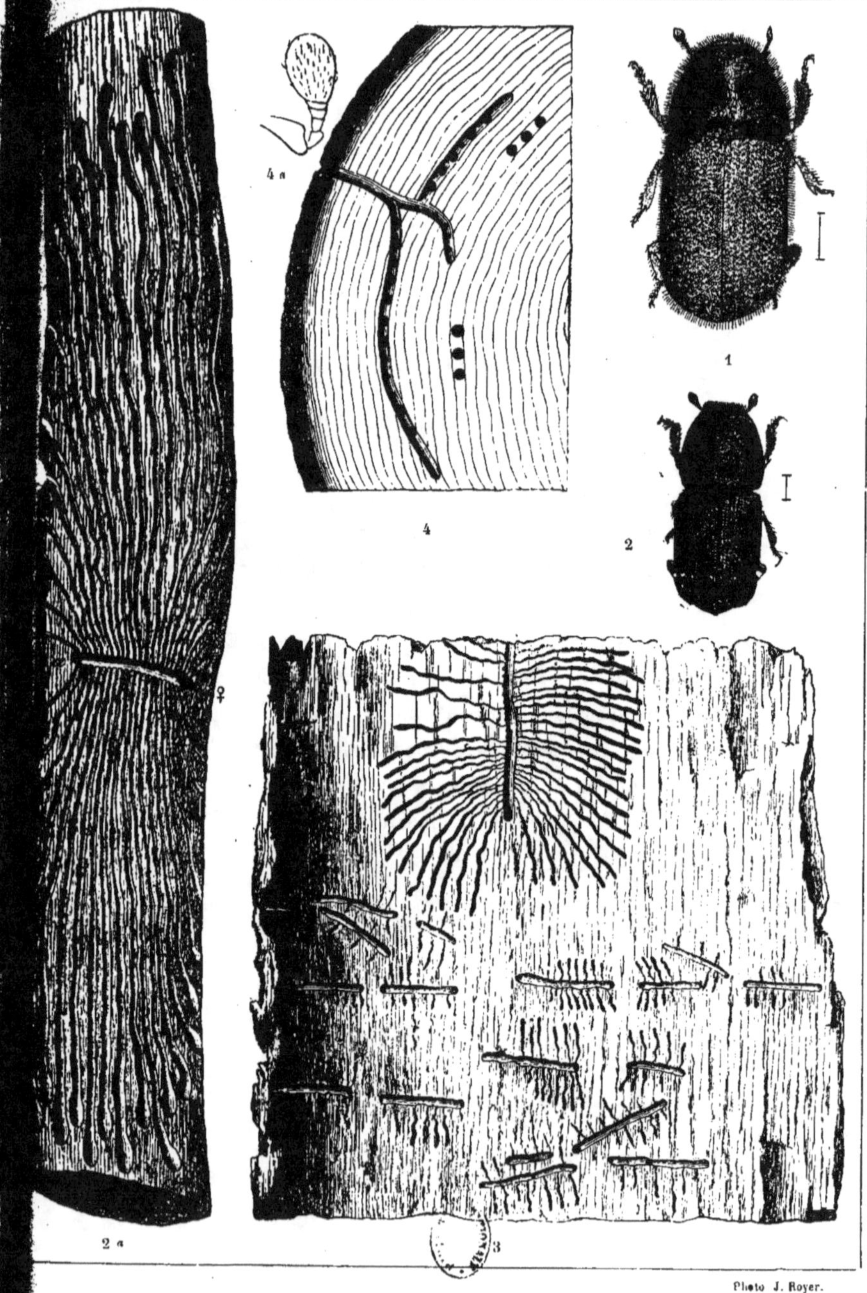

4 a
4
1
2
2 a
3

COLÉOPTÈRES

SCOLYTIDES

Fig. 1. — *Cryphalus abietis* (*a*) et *Pityophthorus micrographus* b) sous une écorce d'épicéa (gr. nat.).

Fig. 2. — Galeries d'*Hylastes ater* sur l'aubier d'une racine de pin ; les larves sont à moitié de leur grosseur.

Fig. 3. — Tête et prothorax d'*Hylurgus ligniperda*.

Fig. 4. — *Polygraphus poligraphus* ; 4ᵃ son antenne grossie ; 4ᵇ ses galeries sous une mince écorce d'épicéa avec de jeunes larves ; 4ᶜ ses galeries dans une écorce d'épicéa avec des larves complètement développées.

Fig. 5. — Galerie du *Trypodendron domesticum* dans le bois de bouleau. (Coupe longitudinale).

PL. 14

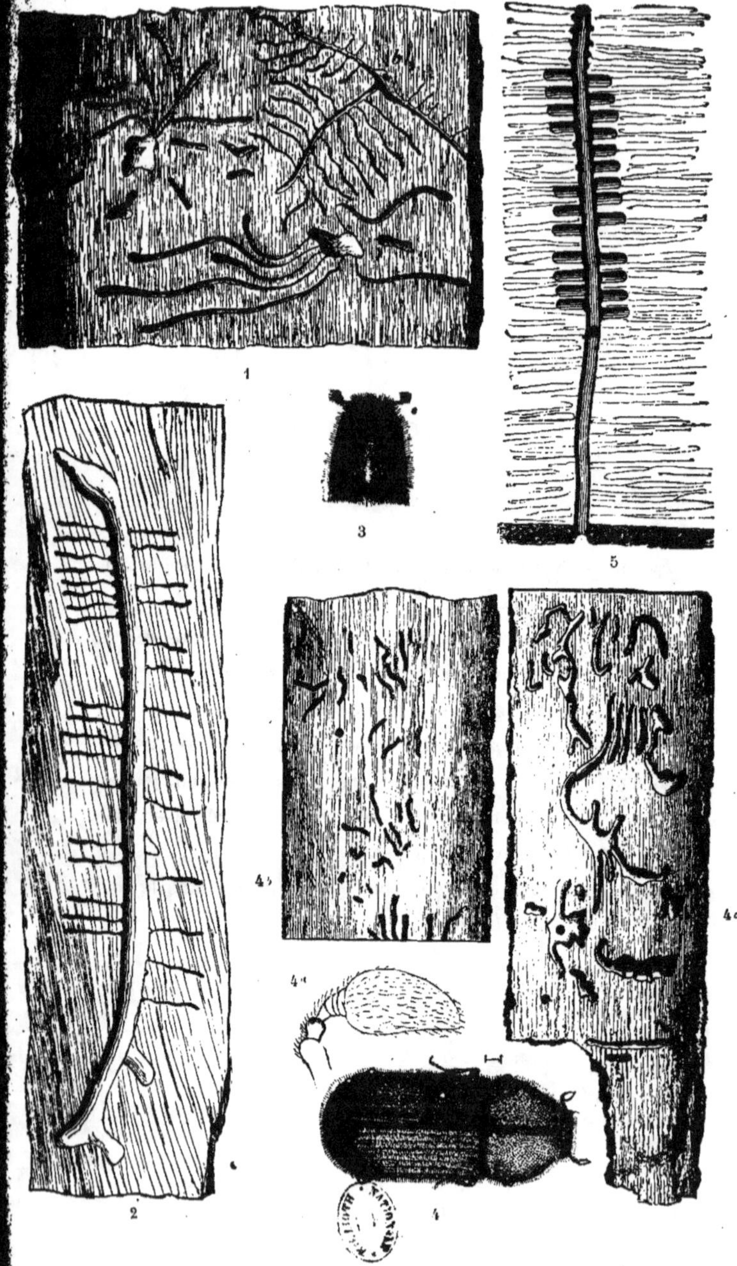

1
2
3
4
4'
4''
4c
5

—

DÉGATS d'INSECTES

(COLLECTIONS DE L'ÉCOLE NATIONALE FORESTIÈRE) (RÉDUCT. $\frac{4}{10}$)

—

Fig. 1. — Nid de la processionnaire du pin (*Cn. pityocampa.* sur un rameau de pin maritime.

Fig. 2. — Galeries de *Polygraphus poligraphus* sous une écorce de pin.

1. Trou d'entrée oblique correspondant à une fente de l'écorce.

2. Galeries de ponte.

3. Galeries des larves.

4. Trou de sortie.

5. Femelle creusant sa galerie de ponte.

Fig. 3. — Galeries (D) d'*Hylecœtus dermestoïdes* dans l'épicéa, à la surface et dans l'intérieur de la tige.

Fig. 4. — Galeries d'*Anobium domesticum* Fourcr. dans du sapin en œuvre.

Fig. 5. — Galeries de *Sirex juvencus* dans le pin sylvestre.

A. Trous de sortie de l'insecte parfait.

B. Chambre de nymphôse.

C. Galeries des larves.

Fig. 6. — Galeries du *Tomicus stenographus* dans l'écorce du pin laricio ; entailles de ponte très visibles ; galeries des larves à peine commencées.

Pl. 15.
Galeries
d'Anobium
domesticum
dans du sapin en œuvre.
1
2
3
3a
4
5a
5
6

—

COLÉOPTÈRES

SCOLYTIDES

Fig. 1. — Hylésine pipinerde (*Myelophilus pipinerda.* **Lin.**). 1ᵃ patte ; 1ᵇ larve ; 1ᶜ nymphe ; 1ᵈ plaque *réduite* d'écorce de pin vue en dessous pour montrer la disposition des galeries de l'hylésine pipinerde ; 1ᵉ aspect d'un jeune pin dont les pousses ont été coupées par l'hylésine.

Fig. 2. — Hylésine noir (*Hylastes ater.* Payk.)

Fig. 3. — Hylésine mineur (*Hylastes cunicularius.* Er.).

Fig. 4. — Hylésine brun (*Hyllastes pallatius.* Gyll.).

Fig. 5. — Hylésine du frêne (*Hylesinusfraxini.* Fab.). 5ᵃ plaque réduite d'écorce de frêne vue en dessous et montrant la disposition des galeries de la larve.

Fig. 8. — Platype cylindrique (*Platypus cylindrus.* Fab.). 8ᵃ larve ; 8ᵇ nymphe.

BOSTRYCHIDES

Fig. 6. — Apate capucin (*Bostrychus capucinus.* Lin.). 6ᵃ larve

COLYDIIDES

Fig. 7. — Colydie allongée (*Colydium elongatum.* Fab.). 7ᵃ larve ; 7ᵇ nymphe.

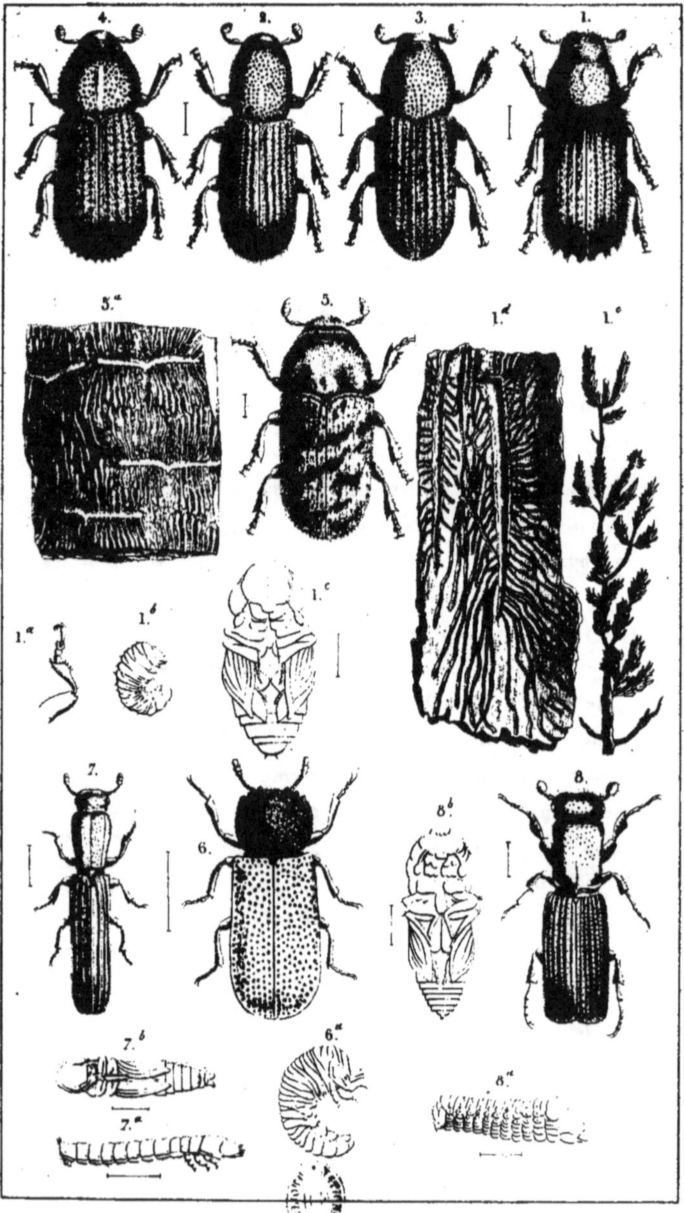

—

COLÉOPTÈRES

CERAMBYCIDES

Fig. 1. — Spondyle buprestoïde (*Spondylis buprestoïdes.* Lin.).

Fig. 2. — Grand capricorne (*Cerambyx heros.* Scop.). 2ᵃ larve ; 2ᵇ nymphe.

Fig. 3. — Callidie sanguine (*Callidium sanguineum.* Lin.).

Fig. 4. — Clyte arqué (*Clytus arcuatus.* Fab.).

Fig. 5. — Lamie charpentière (*Acanthocinus œdilis.* Lin.).

Fig. 6. — Saperde chagrinée (*Saperda carcharias.* Lin.). 6ᵃ tige de peuplier attaquée par sa larve.

Fig. 7. — Saperde du peuplier (*Saperda populnea.* Lin.). 7ᵃ pousse de tremble attaquée par sa larve.

Fig. 8. — Jeune pousse de coudrier creusée par la saperde linéaire (*Oberea linearis.* Lin.).

Fig. 9. — Rhagie chercheuse (*Stenocorus indagator.* Fab.). 9ᵃ portion d'écorce vue en dessous, montrant la chambre de nymphôse.

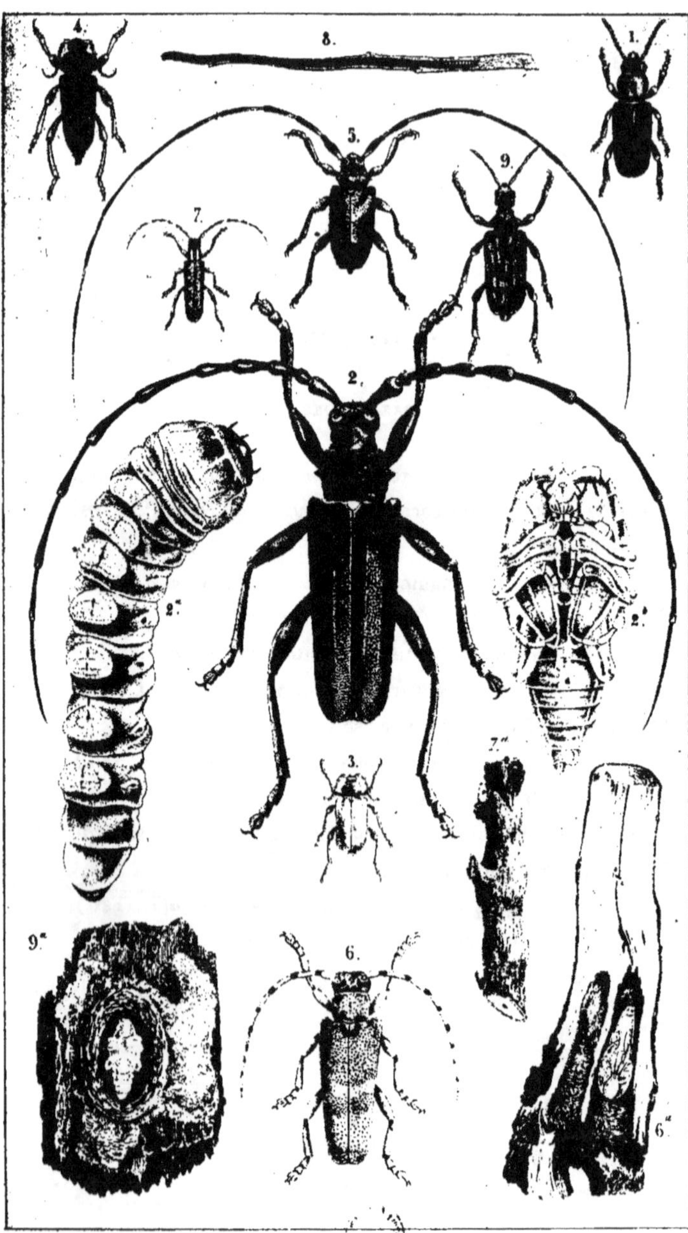

—

COLÉOPTÈRES

CHRYSOMÉLIDES

Fig. 1. — Chrysomèle du peuplier (*Lina populi*. Lin.).

Fig. 2. — Chrysomèle du tremble (*Lina tremulœ*. Fab.). 2ª larves et nymphes.

Fig. 3. — Clytre quadriponctué (*Clytra quadripunctata*.) Lin.

Fig. 4. — Galéruque de l'aune, à ses différents états (*Agelastica alni*. Lin.).

Fig. 5. — Galéruque de l'orme (*Galerucella calmariensis*. Fab.).

Fig. 6. — Altise des potagers (*Haltica oleracea*. Lin.).

COCCINELLIDES

Fig. 7. — Coccinelle sept-points (*Coccinella septempunctata*. Lin.). 7ª larve ; 7ᵇ nymphe.

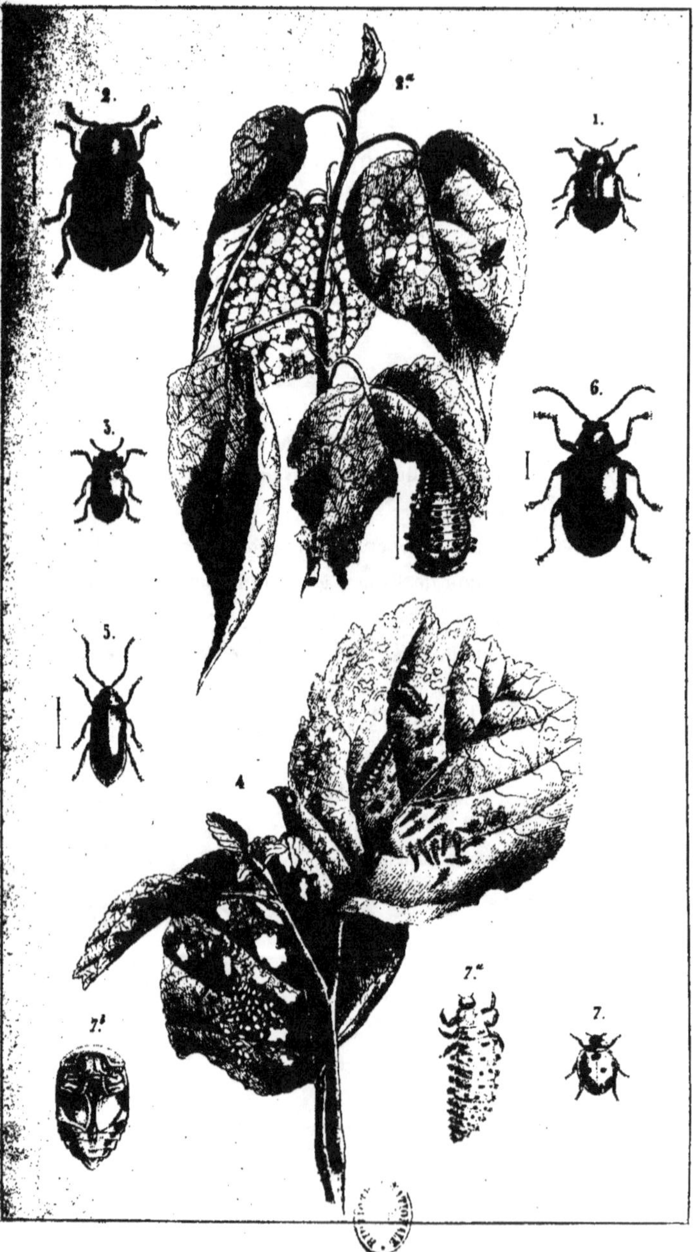

Phot. J. Royer, Nancy.

PLANCHE XX.

—

NÉVROPTÈRES

SUBULICORNES

Fig. 1. — Libellule à 4 taches (*Libellula quadrimaculata.* Lin.). 1ᵃ larve.

Fig. 2. — Ephémère commune (*Ephemera vulgata.* (Lin.).

PLANIPENNES

Fig. 3. — Panorpe commune (*Panorpa communis.* Lin.).

Fig. 4. -- Fourmilion commun (*Myrmeleon formicarius.* Lin.). 4ᵃ larve.

Fig. 5. — Raphidie notée (*Raphidia notata.* Fab.).

Fig. 6. -- Hémérobe perle (*Hemerobius perla.* Lin.). 6ᵃ œufs.

Fig. 7. — Perle à deux queues (*Perla bicaudata.* Lat.).

PLICIPENNES

Fig. 8. — Frigane jaune (*Phryganea flava.* Lat.). 8ᵃ larve dans son fourreau.

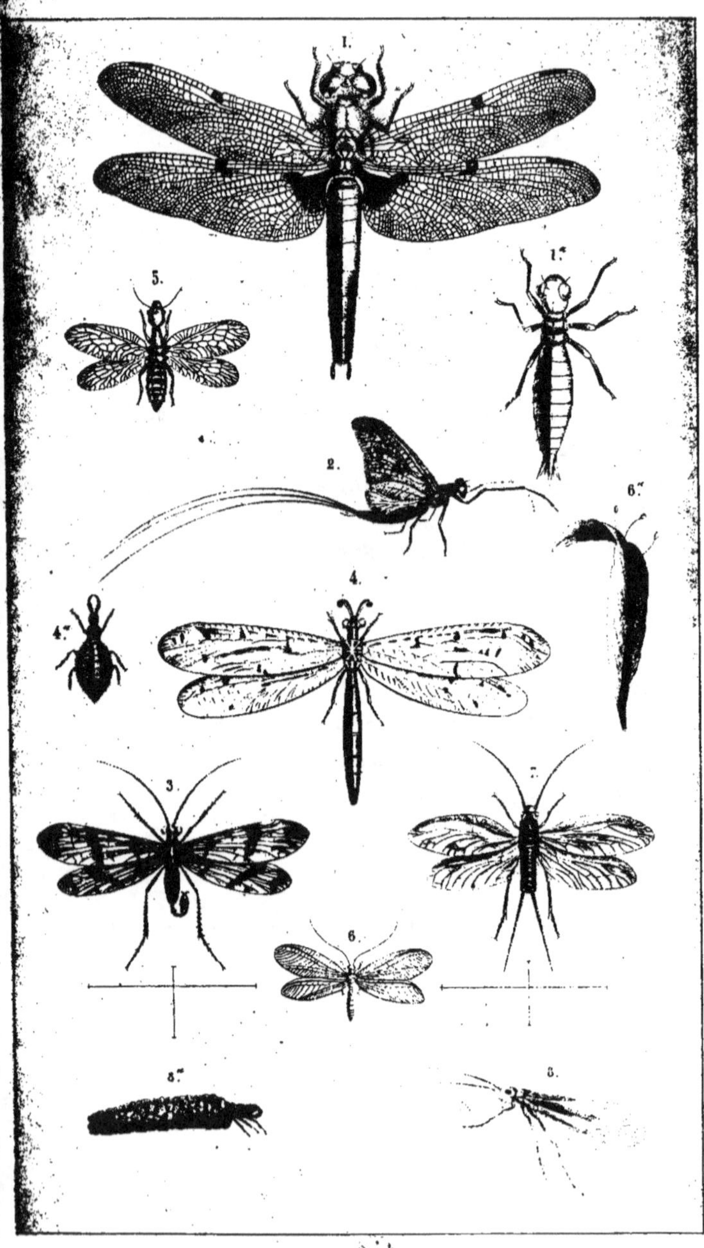

—

HYMENOPTÈRES·

TENTHRÉDINES

Fig. 1. — Lyde champêtre, ♂ (*Lyda campestris.* Fab.). 1ᵃ fausse chenille ; 1ᵇ nymphe ; 1ᶜ rameau de pin rongé par la larve de la lyde champêtre.

Fig. 2. — Lyde bleue (*Lyda erythrocephala.* Fab.). ♂ et ♀ ; 2ᵃ fausse-chenille ; 2ᵇ rameau de pin rongé par la larve de la lyde bleue.

Fig. 3. — Lyde des prés (*Lyda pratensis.* Fab.). ♂ et ♀ ; 3ᵃ rameau de pin rongé par la larve de la lyde des prés.

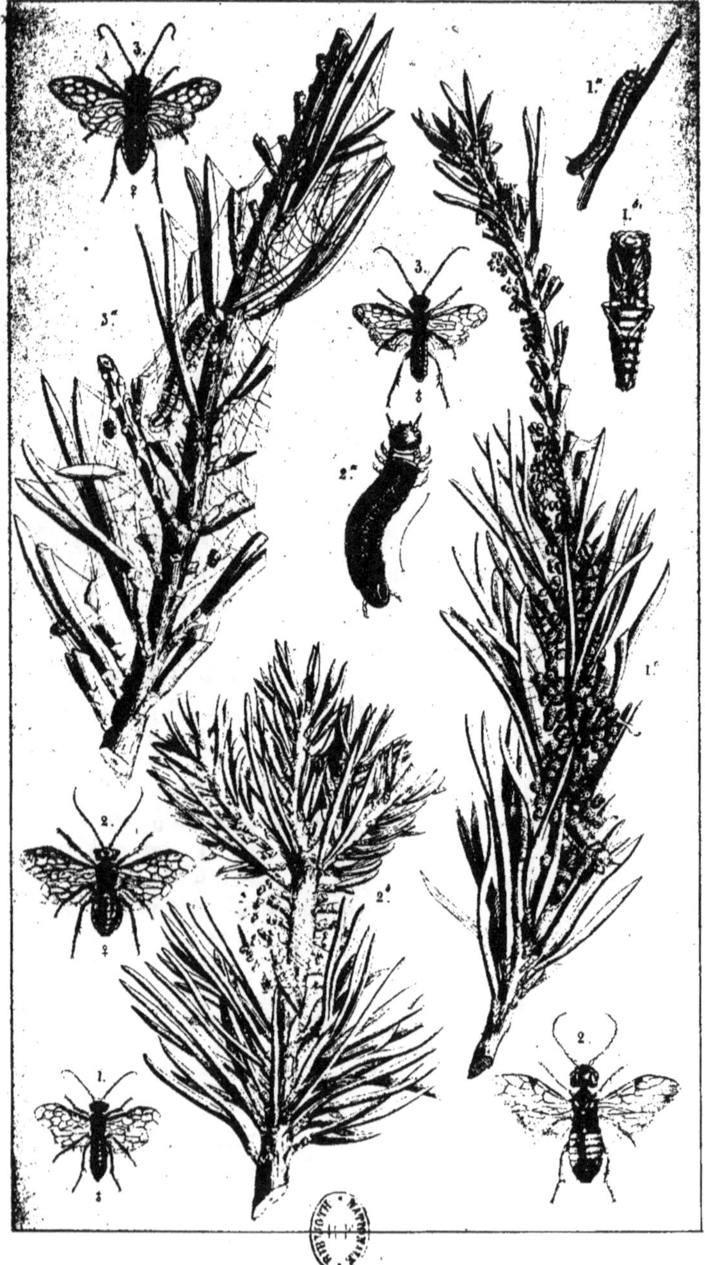

--

HYMENOPTÈRES

TENTHRÉDINES

Fig. 1. — Lophyre du pin (*Lophyrus pini*. Lin.). ♂ et ♀. 1 rameau de pin sur lequel se trouvent des larves, une coque et un insecte parfait au repos.

Fig. 2. — Nèmate septentrionale (*Nematus septentrionalis*. Lin.). 2ᵃ feuille d'aune commun rongée par les larves.

Fig. 3. — Némate des oseraies (*Nematus saliceti*. *Dahlb.*). 3ᵃ feuille de saule couverte de galles dans lesquelles vivent les larves.

Fig. 4. — Cladie viminale (*Cladius viminalis*. Fall.). 4ᵃ fausse chenille.

Fig. 5. — Allante noire (*Allantus nigerrima*. Kl.). 5ᵃ foliole de frêne avec larve d'allante noire.

Fig. 6. — Cimbex variable, ♂ (Cimbex variabilis. Kl.). 6ᵃ fausses chenilles du cimbex variable sur une feuille de bouleau.

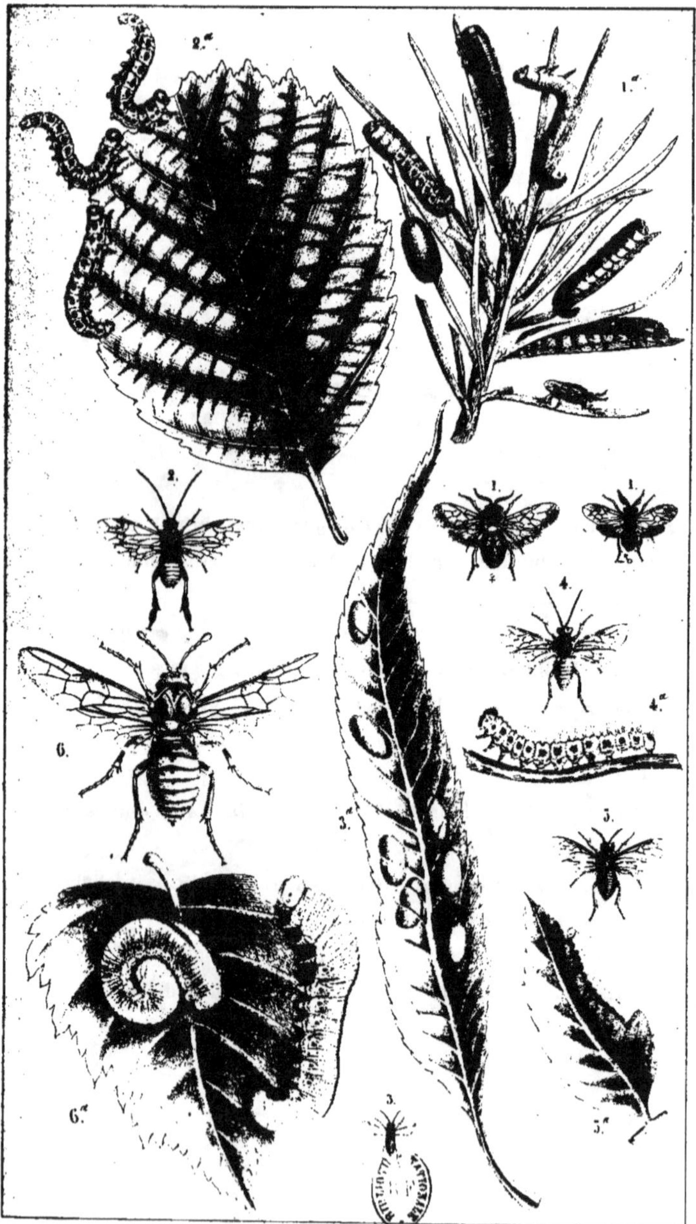

—

HYMÉNOPTÈRES

SIRICIDES

Fig. 1. — Sirex spectre (*Sirex spectrum.* Lin.). ♀.

Fig. 2. — Sirex géant (*Sirex gigas.* Lin.). ♀.

ICHNEUMONIDES

Fig. 3. — Ichneumon instigateur (*Ichneumon [Pimpla] insti-gator.* Fab.) ♂. Grandeur naturelle ; parasite des chenilles des bombycides, noctuélides, etc.

Fig. 4. — Ichneumon manifestateur (*Ichneumon [Ephialtes] manifestator.* Lin.) ♀. Grandeur naturelle ; parasite des larves des gros coléoptères qui vivent dans la tige des arbres.

Fig. 5. — Ichneumon comprimé (*Ichneumon [Banchus] com-pressus.* Fab.) ♀. Grandeur naturelle ; parasite très commun des chenilles de la noctuelle pipinerde.

Fig. 6. — Ichneumon stercoraire (*Ichneumon [Ophion] mer-darius* Grav.). Grandeur naturelle ; parasite de la chenille de la noctuelle pipinerde.

Fig. 7. — Ichneumon forestier (*Ichneumon [Microgaster] ne-morum.* Hartig). grossi 5 fois 1/2 ; parasite des chenilles du lasiocampe du pin.

CHALCIDIDES

Fig. 8. — Chrysolampe solitaire (*Chrysolampus solitarius.* Hartig). Grossi 12 fois ; parasite solitaire des œufs du lasio-campe du pin.

Fig. 9. — Téléas lisse (*Teleas lœviusculus.* Ratz.). Grossi 18 fois ; parasite des œufs du lasiocampe du pin, au nombre de 12 individus quelquefois dans chaque œuf.

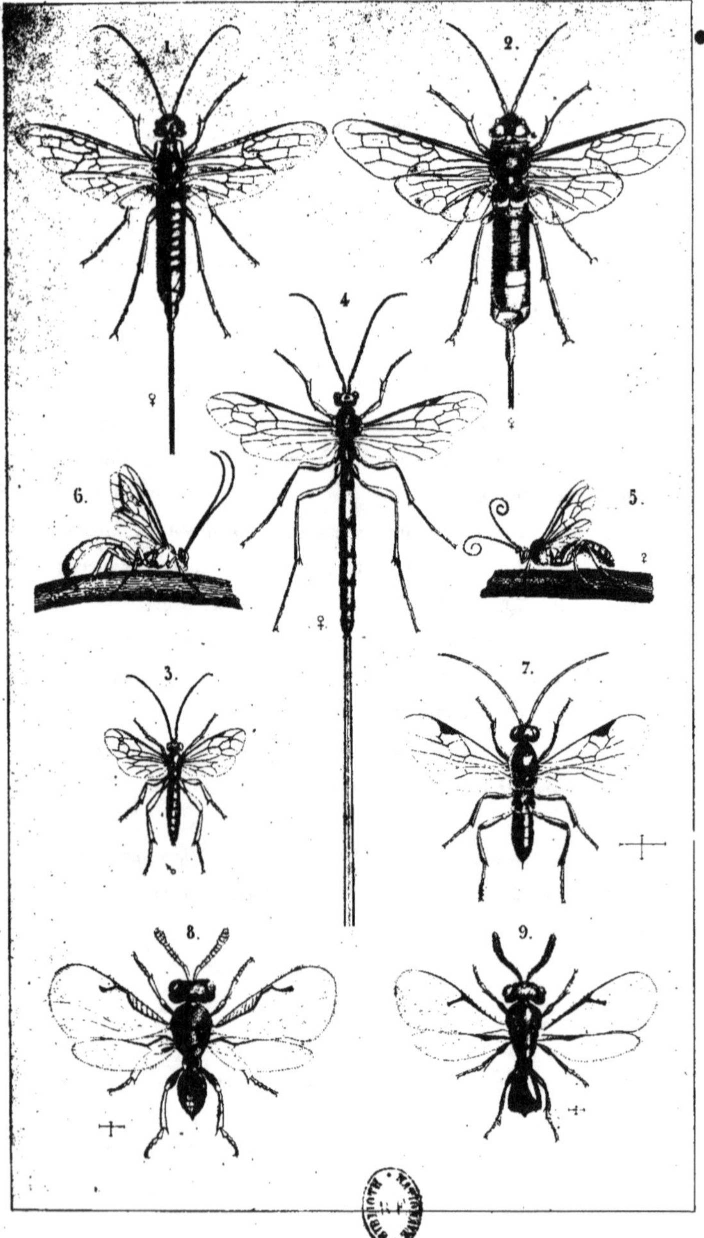

—

GALLES de CYNIPIDES

Fig. 1. — Galles de *Neuroterus lenticularis*. Oliv., agame.

— 1ᵃ. — Galles de *Spathegaster baccarum*. Lin., sexué, sur une feuille et sur un chaton de fleurs.

Fig. 2. — Galles de *Neuroterus lœviusculus*. Schenk., **agame**.

— 2ᵃ. — Galles de *Spathegaster albipes*. Schenk., **sexué** (grossies 2 fois).

Fig. 3. — Galles de *Neuroterus numismatis*. Oliv., agame (à côté, une galle grossie).

— 3ᵃ. — Galles de *Spathegaster vesicatrix*. Schlecht, sexué.

Fig. 4. — Galles de *Neuroterus fumipennis*. Htg., agame.

— 4ᵃ. — Galles de *Spathegaster tricolor*. Htg., sexué.

Fig. 5. — Galles d'*Aphilotrix radicis*. Fab., agame (au-dessus, coupe médiane.

— 5ᵃ. — Galles d'*Andricus noduli*. Htg., sexué.

Fig. 6. — Galles d'*Aphilotrix Sieboldi*. Htg., agame. (Galles fraîches à écorce d'un rouge cerise. — 6ᵇ Galles mûres devenues ligneuses).

— 6ᵃ. — Galles d'*Andricus testaceipes*. Htg., sexué.

Fig. 7. — Galles d'*Aphilotrix corticis*. Lin., agame. (7, Galles fraîches. — 7ᵇ Galles mûres devenues ligneuses).

— 7ᵃ. — Galles d'*Andricus gemmatus*. Adler, sexué, avec les trous de sortie des insectes.

Fig. 8. — Galles d'*Aphilotrix globuli*. Htg., agame (à côté, une galle isolée à mâturité).

— 8ᵃ. — Galles d'*Andricus inflator*. Htg., sexué (à côté, coupe transversale pour montrer la galle intérieure.

Fig. 9. — Galles d'*Aphilotrix collaris*. Htg., agame.

— 9ᵃ. — Galles d'*Andricus curvator*. Htg., sexué sur feuille et rameau (à côté, coupe transversale avec la galle intérieure).

Fig. 10. — Galles d'*Aphilotrix fecundatrix*. Htg., agame (à côté, galle intérieure isolée.

— 10ᵃ. — Galles d'*Andricus pilosus*. Adler, sexué (grossies 3 fois).

Pl. 24.

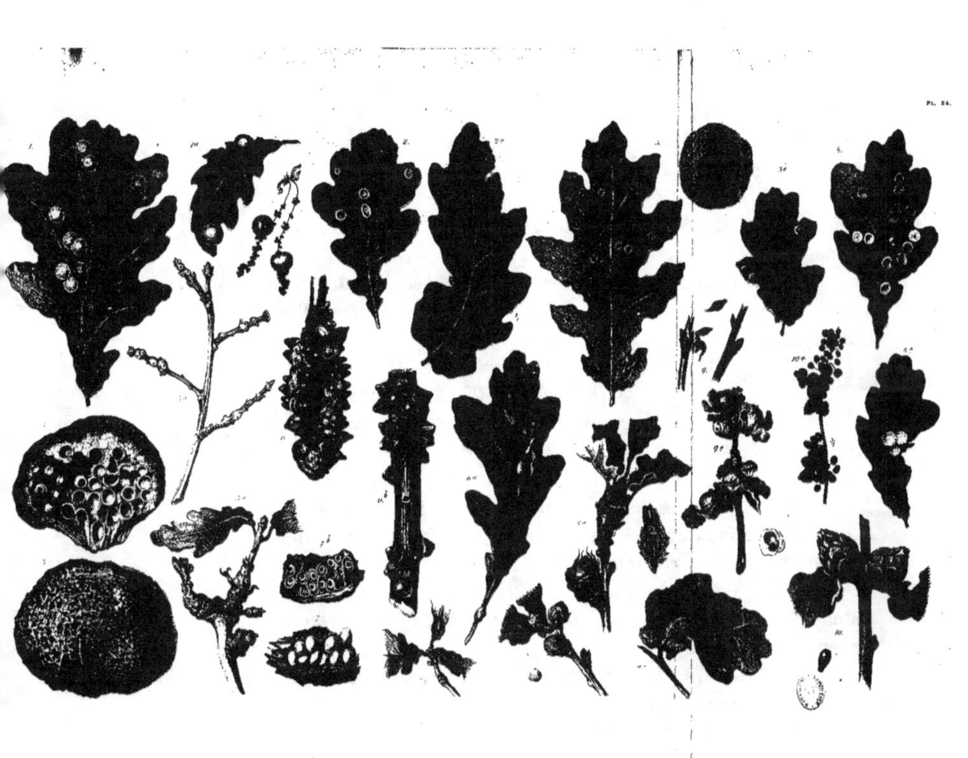

—

GALLES de CYNIPIDES

Fig. 11. — Galles d'*Aphilotrix callidoma*. Adler (nec Giraud), agame.

— 11ª. — Galles d'*Andricus cirratus*. Adler, sexué (à côté, bourgeon et galles grossis 3 fois)

Fig. 12. — Galles d'*Aphilotrix Malpighii*. Adler, agame.

— 12ª. — Galles d'*Andricus nudus Adler*, sexué (grossies 2 fois).

Fig. 13. — Galles d'*Aphilotrix autumnalis*. Lin., agame (à côté, une galle mûre isolée).

— 13ª. — Galles d'*Andricus ramuli*. Lin., sexué.

Fig. 14. — Galles de *Dryophanta scutellaris*. Htg. folii Lin., agame.

— 14ª. — Galles de *Spathegaster Taschenbergi*. Schlecht, sexué (galles à mâturité après sortie des insectes et une galle fraîche grossie).

Fig. 15. — Galles de *Dryophanta longiventris*. Htg., agame.

— 15ª. — Galles de *Spathegaster similis*. Adler, sexué (une sur un rameau, une sortant du bourgeon, une troisième grossie.

Fig. 16. — Galles de *Dryophanta divisa*. Htg., agame.

— 16ª. — Galles de *Spathegaster verrucosus*. Schlecht, sexué (une sur une feuille, une autre sur le pétiole ; à côté, une grossie ; enfin une quatrième sortant du bourgeon).

Fig. 17. — Galles de *Biorhiza aptera*. Fab., agame (galles fraîches obtenues d'élevage ; à côté, une galle mûre devenue ligneuse).

— 17ª. — Galle de *Teras terminalis*. Fab., sexué (au-dessous, coupe transversale d'une galle mûre).

Fig. 18. — Galles de *Biorhiza renum*. Htg., agame (à gauche, l'insecte grossi).

— 18ª. — Galles de *Trigonaspis crustalis*. Htg., sexué (au-dessous, le mâle et la femelle grossis).

Fig. 19. — Galles de *Neuroterus ostreus*. Htg., agame.

— 19ª. — Galles de *Spathegaster aprilinus* Gir. (qui est probablement la forme sexuée du *Neuroterus ostreus*).

Fig. 20. — Galles d'*Aphilotrix seminationis* Gir. sur feuilles et chatons de fleurs.

Fig. 21. — Galles d'*Aphilotrix marginalis*. Schltdl.

Fig. 22. — Galles d'*Aphilotrix quadrilineatus*. Htg.

Fig. 23. — Galles d'*Aphilotrix albo punctata*. Schltdl.

16.
17.
15ª
16ª
16ª
21.
22.
23.

Pl. 25

—

HYMÉNOPTÈRES

CYNIPIDES

Fig. 1. — *Dryophanta scutellaris.* Htg. Grandeur naturelle. 1ª Galles du *Dryophanta scutellaris.* ¼ de grandeur naturelle.

Fig. 2. — Cynips de la cupule du chêne (*Cynips quercûs calycis.* Lin.). Grandeur naturelle. 2ª Galle d'*Aphilotrix gemmœ.* -- ²/₃ de grandeur naturelle.

Fig. 3. — Galle de Hongrie due à la piqûre du *Cynips calicis.* ¼ de grandeur naturelle.

Fig. 4. — Bédéguar, galle du cynips du rosier (*Rhodites rosœ*). ¼ de grandeur naturelle.

CHRYSIDES

Fig. 5. — Chrysis commun ou enflammé (*Chrysis ignita.* Fab.). Grossi 3 fois.

SPHÉGIDES

Fig. 6. — Sphex des sables. (*Sphex sabulosa.* Fab.). Grandeur naturelle.

FORMICIDES

Fig. 7. — Fourmi ronge-bois ♀. (*Camponotus ligniperdus.* Lin.). 7ª *id.* ♂. 7ᵇ, *id.* ouvrière. Grandeur naturelle.

Fig. 8. — Fourmi rousse, ♀ (*Formica rufa.* Lin.). 8ª, *id.*, ♂. 8ᵇ, id., ouvrière. Grandeur naturelle.

LESPIDES

Fig. 9. -- Guêpe frelon (*Vespra crabro.* Lin.), ouvrière. 9ª larve ; 9ᵇ nymphe. Grandeur naturelle pour l'insecte parfait.

APIDES

Fig. 10. -- Xylocope violette (*Xylocopa violacea.* Lin.). ♂ Grandeur naturelle.

Fig. 11. — Abeille domestique (*Apis mellifica.* Lin.). ouvrière. Grandeur naturelle.

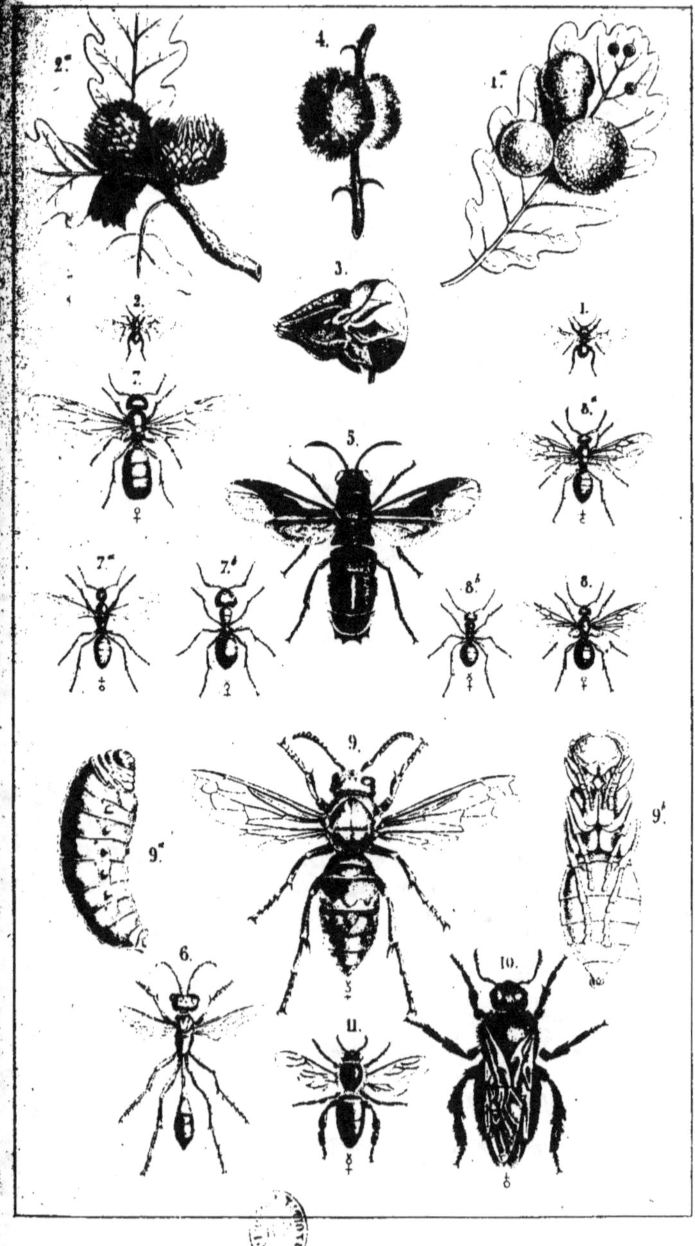

PLANCHE XXVII.

—

LEPIDOPTÈRES

DIURNES

Fig. 1. — Piéride gazée (*Pieris cratœgi.* Lin.). 1ª œufs grossis; 1ᵇ, 1ᶜ, 1ᵈ, chenilles, chrysalides et œufs sur rameau d'épine blanche.

Fig. 2. — Vanesse grande-tortue (*Vanessa polychloros.* Lin.). 2ª œufs grossis; 2ᵇ chenille sur rameau d'orme; 2ᶜ chrysalide.

Fig. 3. — Hespérie tagès (*Hesperia* [*Tanaos*] *tages.* Lin.).

—

LEPIDOPTÈRES

CRÉPUSCULAIRES

Fig. 1. — Sphinx du pin (*Sphinx pinastri* Lin). 1ª rameau de pin chargé d'œufs et de chenilles ; 1ᵇ chrysalide.

SÉSIIDES

Fig. 2. — Sésie apiforme (*Sesia apiformis*. Lin.). 2ª , *id.*, à l'état de repos ; 2ᵇ chenille ; 2ᶜ chrysalide.

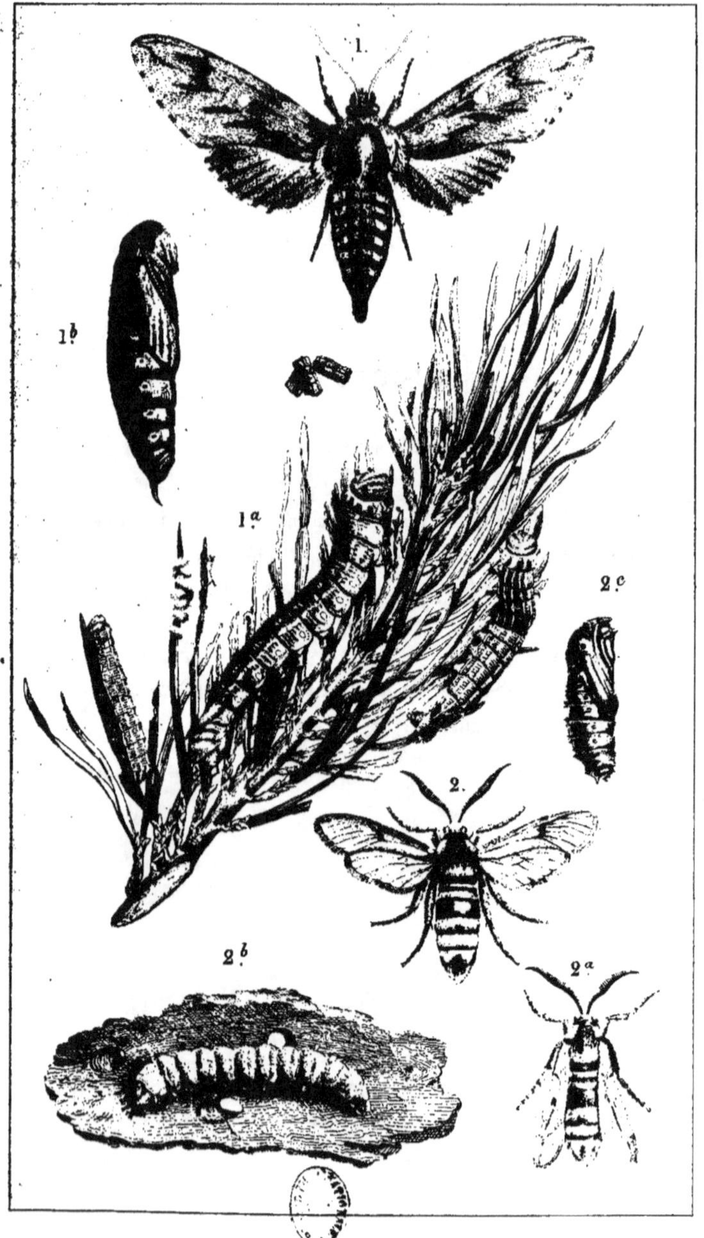

PLANCHE XXIX.

—

LEPIDOPTÈRES

COSSIDES

Fig. 1. — Cossus gâte-bois, ♀ (*Cossus ligniperda.* Fab.). 1ᵃ, *id.* ♂ au repos ; 1ᵇ chenille ; 1ᶜ chrysalide.

Fig. 2. — Zeuzère du marronnier (*Zeuzera æsculi.* Lin.). 2ᵃ chenille dans l'intérieur d'une branche ; 2ᵇ chrysalide.

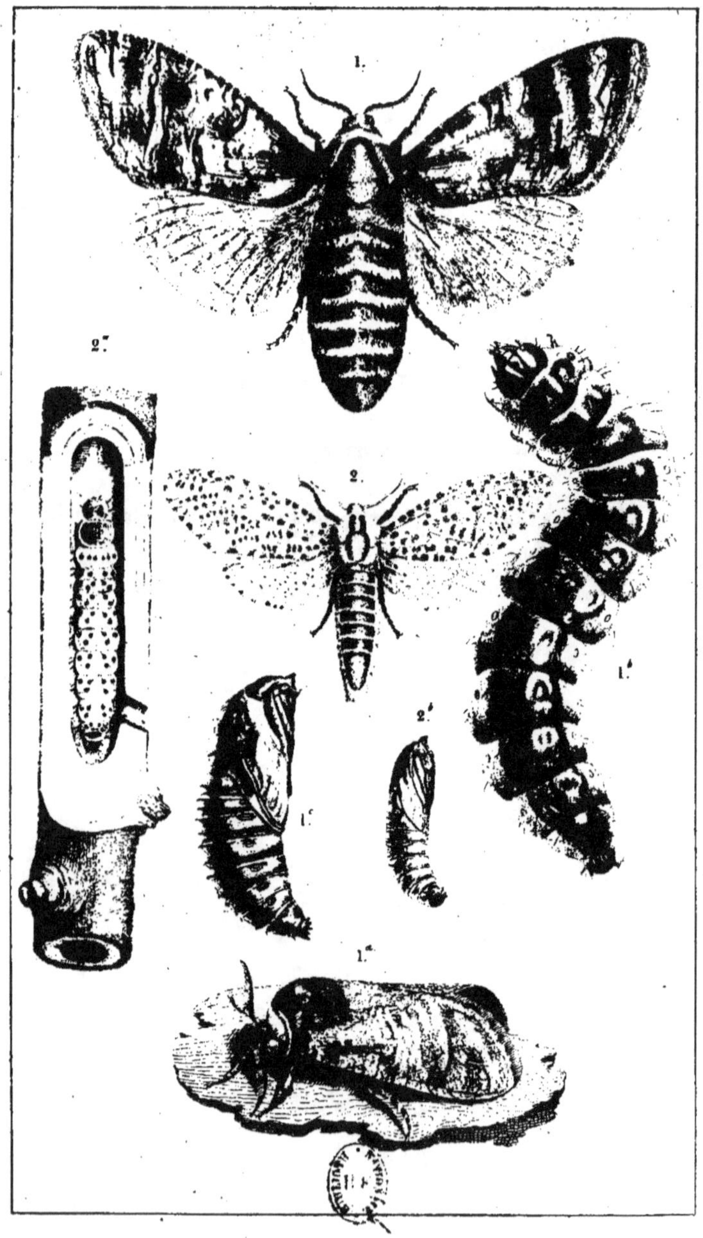

PLANCHE XXX.

--

LEPIDOPTÈRES

BOMBYCIDES

Fig. 1. — Liparis moine ou nonne, ♀ (*Liparis monacha.* Lin.). 1ᵃ *id.*, ♂, au repos ; 1ᵇ œufs ; 1ᶜ chenilles sur un rameau de pin ; 1ᵈ chrysalide.

Fig. 2. — Liparis disparate, ♀ (*Liparis dispar.* Lin.). 2ᵃ *id.*, ♂, au repos ; 2ᵇ chenille sur un rameau de chêne ; 2ᶜ chrysalide.

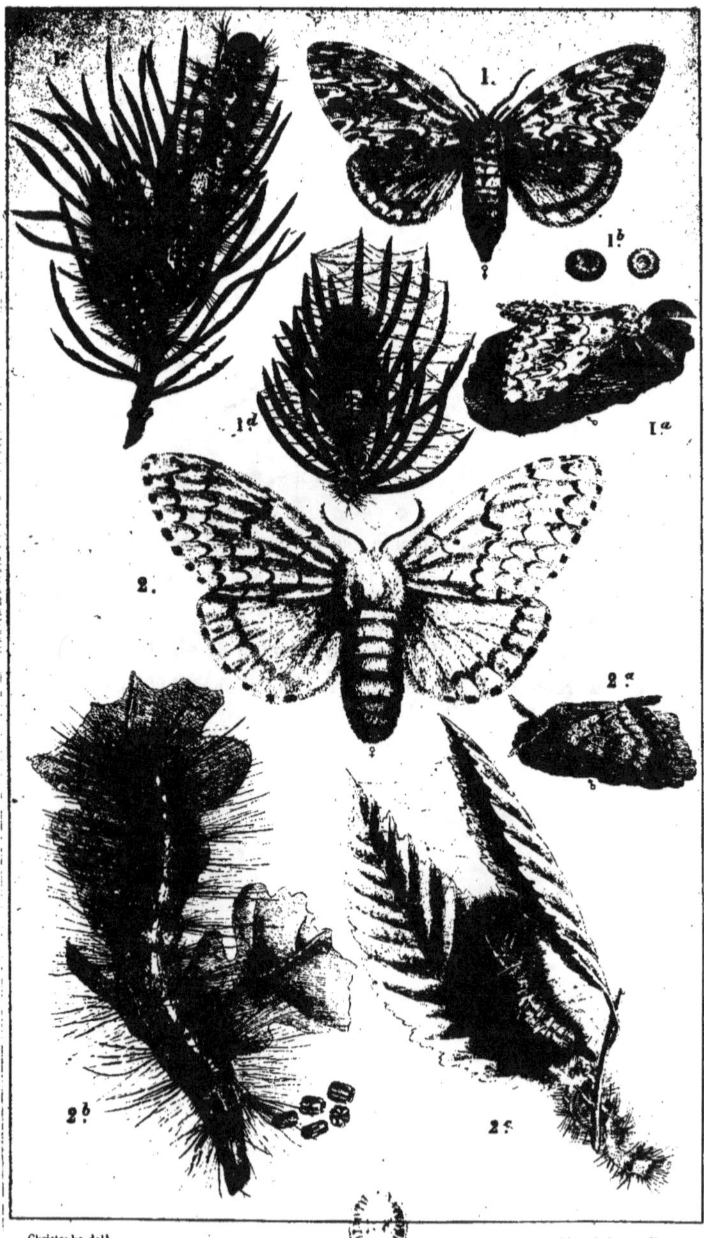

—

LEPIDOPTÈRES

BOMBYCIDES

Fig. 1. — Liparis du saule (*Liparis salicis*. Lin.). 1ᵃ chenille ; 1ᵇ chrysalide.

Fig. 2. — Liparis chrysorrhée (*Liparis chrysorrhea*. Lin.). 2ᵃ chenille ; 2ᵇ chrysalide.

Fig. 3. — Liparis cul-doré (*Liparis auriflua*. Lin.). 3ᵃ chenille.

Fig. 4. — Oryge pudibonde (*Dasychira pudibunda*. Lin.). 4ᵃ chenille ; 4ᵇ chrysalide.

Fig. 5. — Bombyce livrée (*Bombyx neustria*. Lin.). 5ᵃ œufs disposés en bague ; 5ᵇ chenille ; 5ᶜ chrysalide.

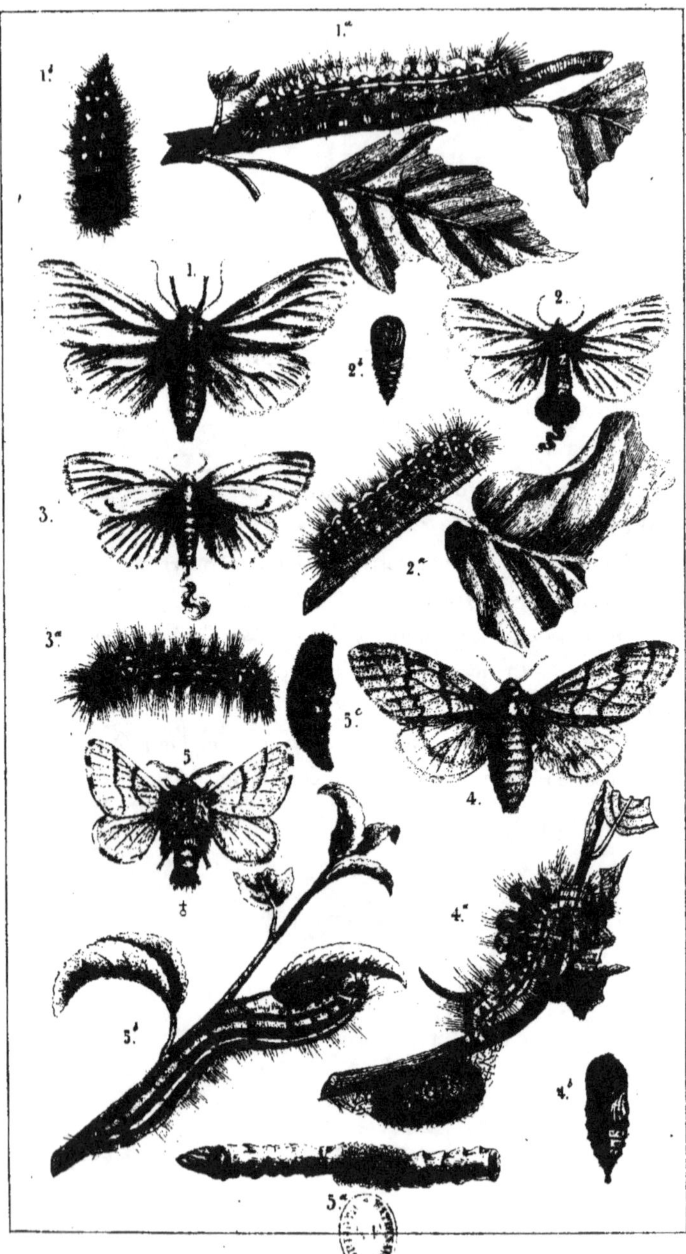

PLANCHE XXXII.

—

LEPIDOPTÈRES

BOMBYCIDES

Fig. 1. — Bombyce laineux (*Bombyx lanestris*. Lin.). 1^a chenilles sur un rameau de bouleau ; 1^b coque renfermant la chrysalide.

Fig. 2. — Bombyce pinivore, ♂ et ♀ (*Cnethocampa pinivora*. Tr.). 2^a chenille grossie ; 2^b chenille adulte, grandeur ordinaire ; 2^c coque de la chrysalide ; 2^d chrysalide.

Fig. 3. — Bombyce processionnaire, ♂ et ♀ (*Cnethocampa processionnea*. Lin.). 3^a chenille sur un rameau de chêne ; 3^b coque ; 3^c chrysalide.

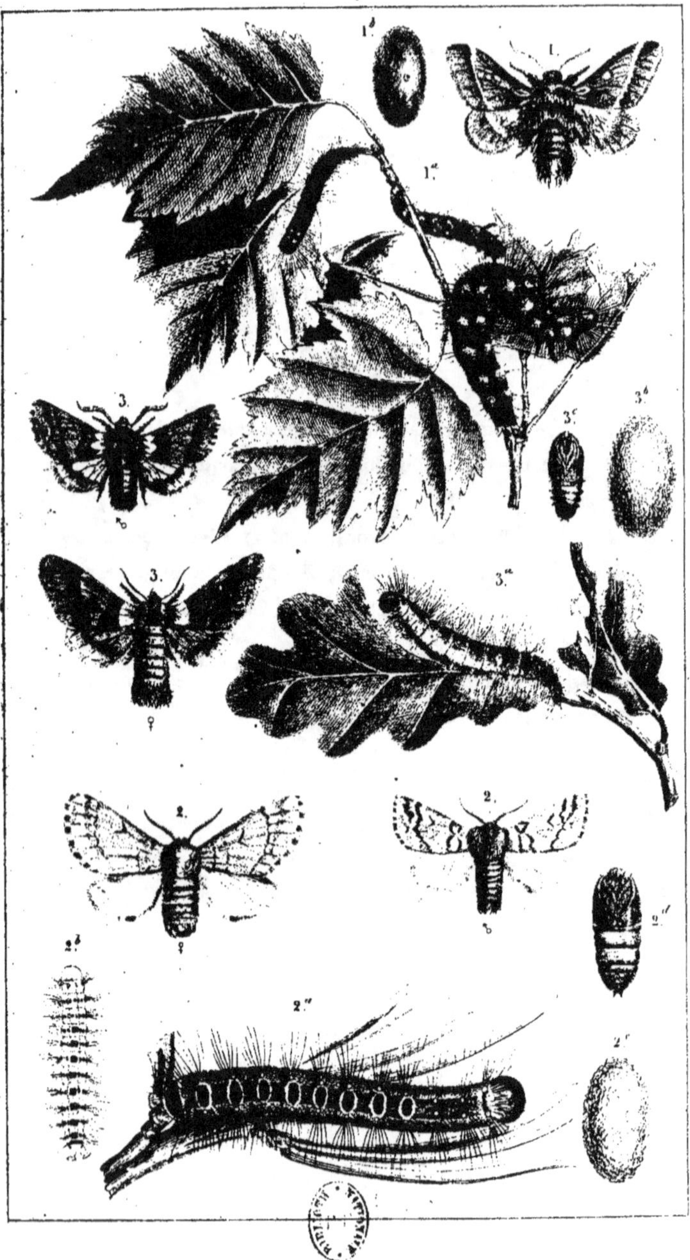

PLANCHE XXXIII.

—

LEPIDOPTÈRES

BOMBYCIDES

Fig. 1. — Bombyce processionnaire du pin, ♂ et ♀ (*Cnethocampa pityocampa*. Tr.). 1ª Œufs recouverts de leur bourre de poils. 1ᵇ Œufs débarrassés de leur bourre.

Fig. 2. Petit paon de nuit, ♂ (*Saturnia* [*attacus*] *carpini*).

Fig. 3. — Grand paon de nuit, ♂ (*Saturnia* [*attacus*] *pyri*) et sa chenille.

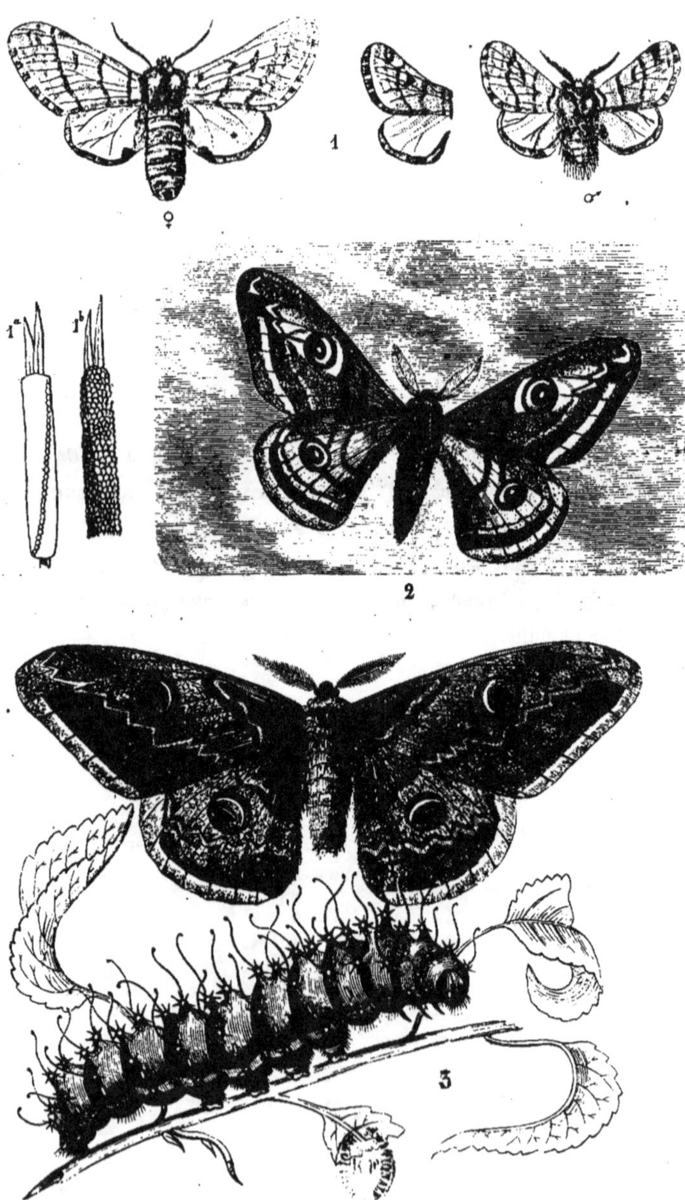

1

2

3

PLANCHE XXXIV.

—

LEPIDOPTÈRES

BOMBYCIDES

Fig. — Lasiocampe du pin (*Lasiocampa pini.* Lin.). 1^a ♂ et ♀, accouplés sur un fragment d'écorce, sur lequel on distingue déjà des œufs ; 1^b rameau de pin, chargé d'œufs, de chenilles de différentes grosseurs et de cocons ; 1^c œufs, dont le premier est grossi ; 1^d chrysalide sortie de la coque.

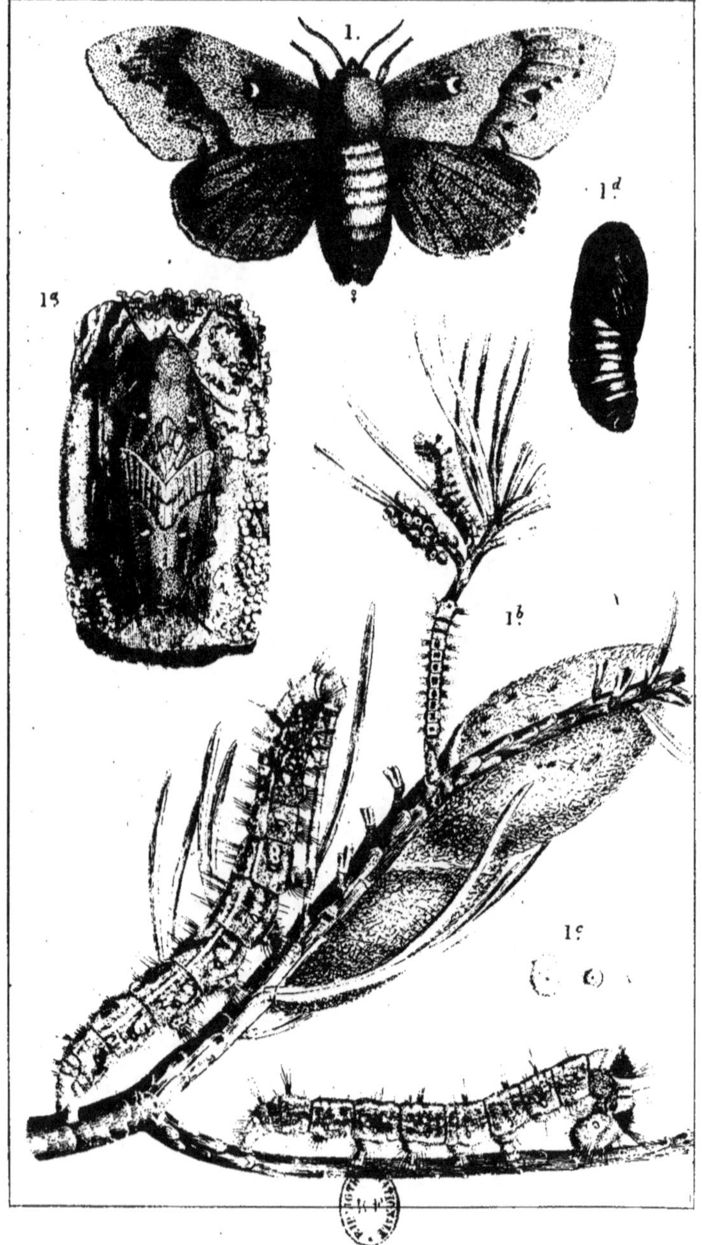

—

LÉPIDOPTÈRES

PHALÉNIDES

Fig. 1. — Fidonie du pin *(Fidonia piniaria.* Lin.). ♂ et ♀. 1ᵃ chenille ; 1ᵇ chrysalide.

Fig. 2. — Macarie effacée *(Macaria lituraria.* H.). 2ᵃ *id.*, vue en dessous ; 2ᵇ chenille ; 2ᶜ chrysalide.

Fig. 3. — Amphidase du bouleau *(Amphidasis betularia.* Lin.). 3ᵃ chenille ; 3ᵇ chrysalide.

Fig. 4. — Cheimatobie hyémale *(Cheimatobia brumata.* Lin.). ♂ et ♀. 4ᵃ chenille ; 4ᵇ chrysalide.

NOCTUÉLIDES

Fig. 5. — Noctuelle pipinerde *(Trachea pipinerda.* (Lat.). ♂ 5ᵃ œufs grossis ; 5ᵇ chenille ; 5ᶜ chrysalide.

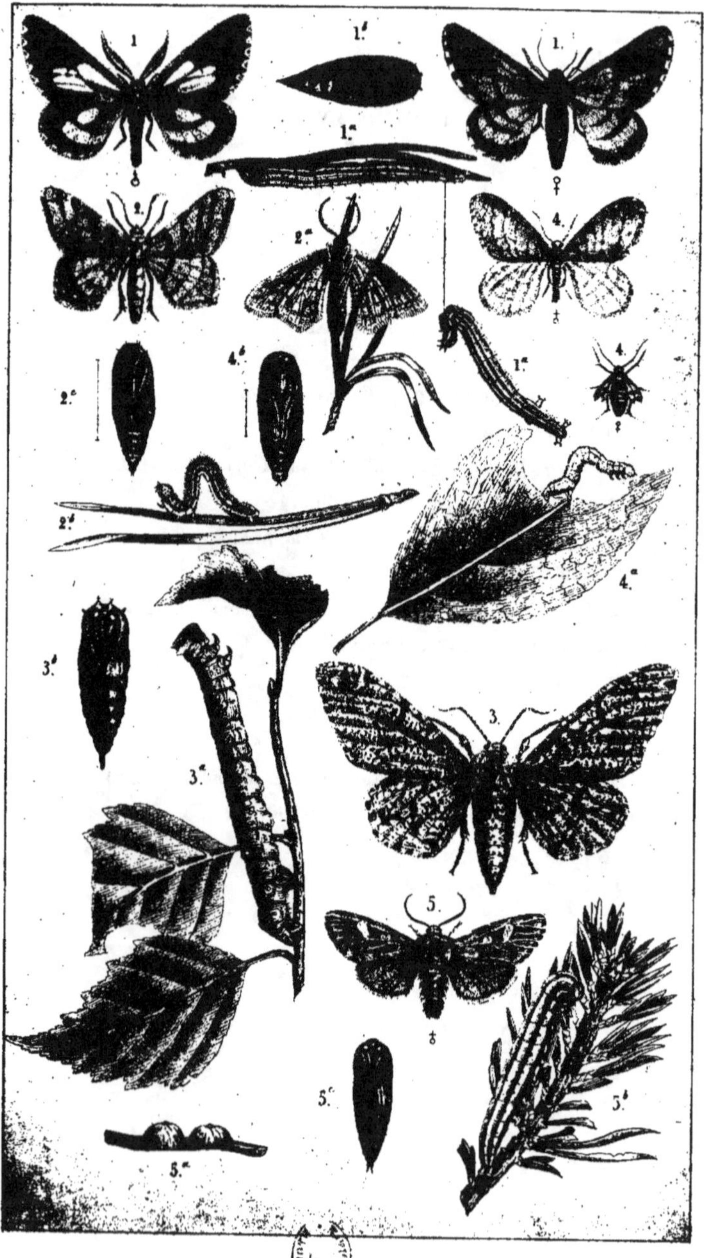

—

LEPIDOPTÈRES

TORTRICIDES

Fig. 1. — Pyrale des pousses (*Retinia buoliana*. Fab.). 1ᵃ chenille ; 1ᵇ chrysalide ; 1ᶜ rameau de pin dont les jeunes pousses,
qui se développent, sont attaquées par cette pyrale.

Fig. 2 — Pyrale des bourgeons (*Retinia turionana*. Hbn.).
2ᵃ chenille ; 2ᵇ chrysalide , 2ᶜ rameau de pin dont les bourgeons
sont rongés et ne s'allongent pas.

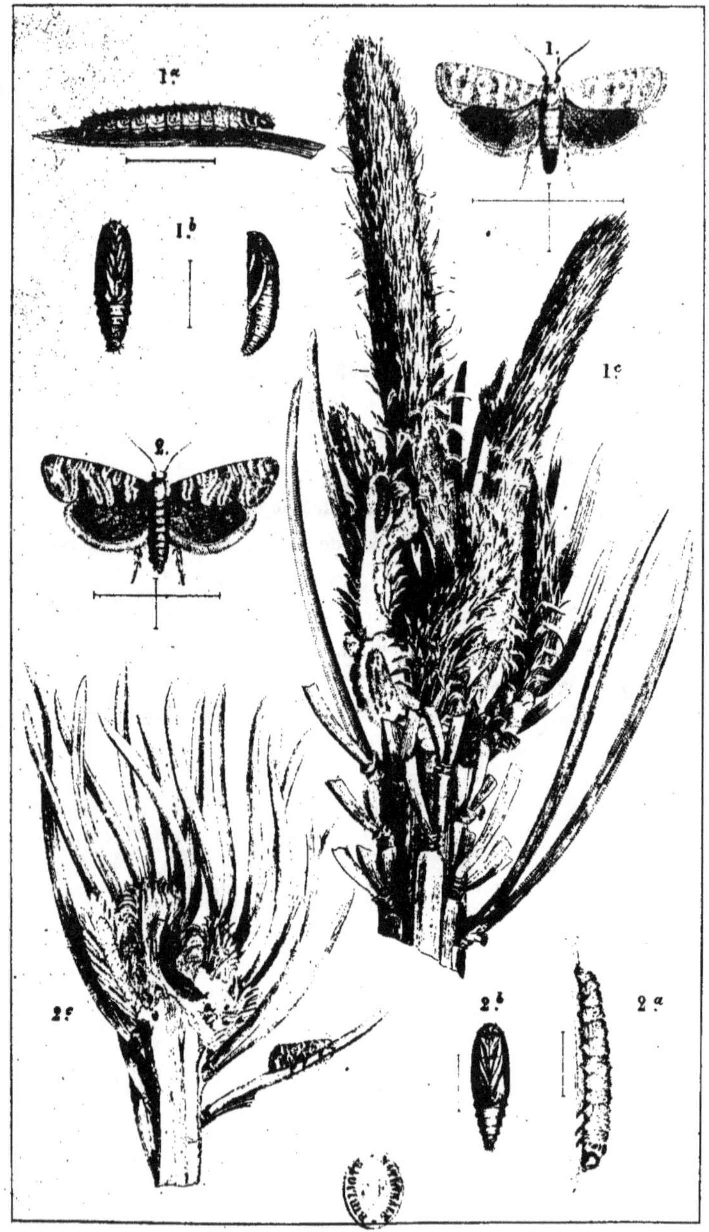

—

LEPIDOPTÈRES

TORTRICIDES

Fig. 1. — Pyrale de la résine (*Retinia resinella.* Lin.). 1ᵃ chenille ; 1ᵇ chrysalide ; 1ᶜ galle résineuse produite par la chenille.

Fig. 2. — Pyrale de l'épicéa ; ♂ et ♀ (*Tortrix piceana.* Lin.). 2ᵃ chenille ; 2ᵇ chrysalide.

Fig. 3. — Pyrale des cônes (*Grapholitha strobilana.* Lin.). 3ᵃ chenille ; 3ᵇ chrysalide ; 3ᶜ cône coupé longitudinalement pour faire voir les galeries des chenilles.

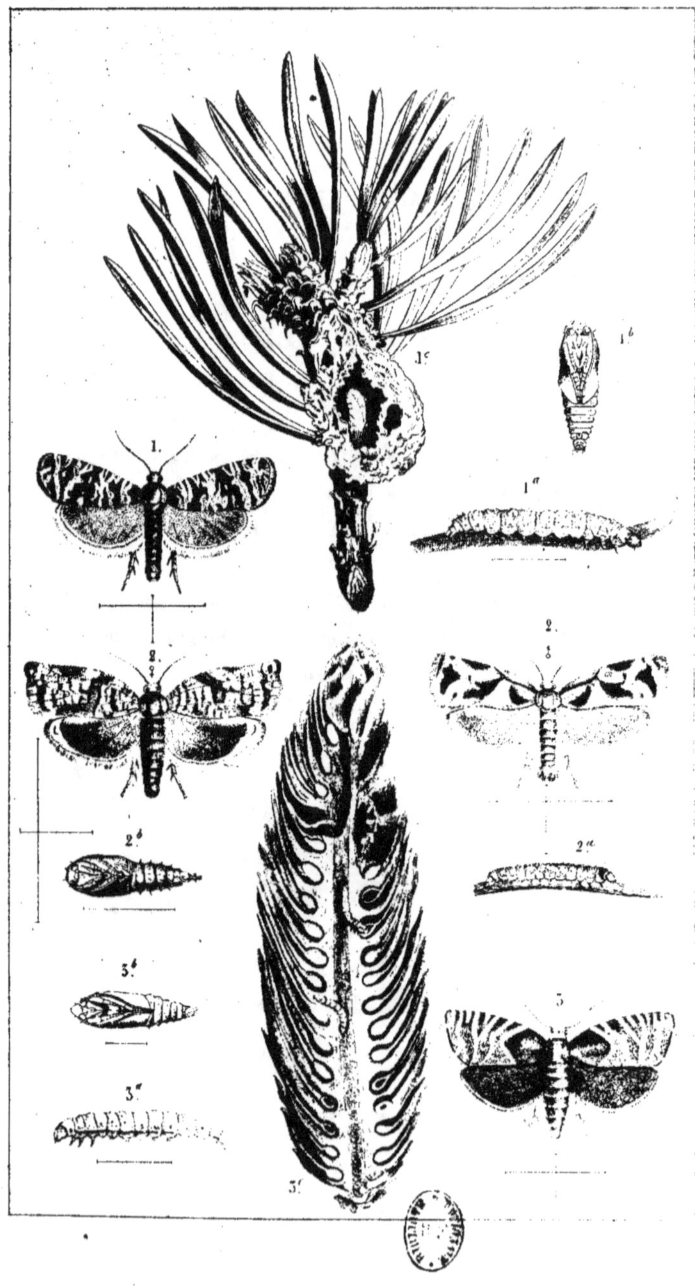

PLANCHE XXXIX.

—

LEPIDOPTÈRES

TORTRICIDES

Fig. 1. — Pyrales des verticilles de l'épicéa. (1. *Grapholitha pactolana.* Kulv. 1ᵃ *Grapholitha duplicana.* Zett.) ; 1ᵇ chenille ; 1ᶜ chrysalide.

Fig. 2. — Pyrale des aiguilles de l'épicéa (*Grapholitha tedella.* Cl. — *Comitana.* Cat. de Vienne) ; 2ᵃ chenille ; 2ᵇ chrysalide ; 2ᶜ rameau d'épicéa attaqué par cette chenille ; 2ᵈ feuilles grossies pour montrer la manière dont elles sont rongées et le trou fait par la chenille dans l'épiderme.

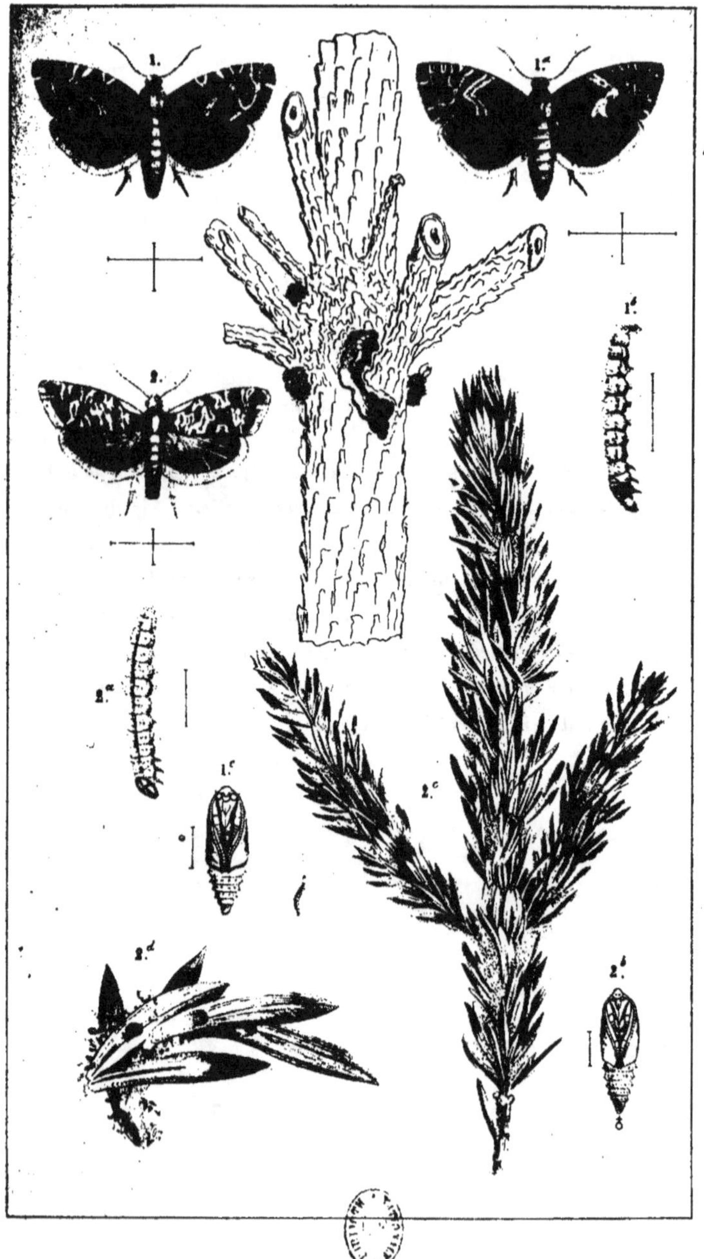

--

LEPIDOPTÈRES

TORTRICIDES

Fig. 1. — Pyrale verte (*Tortrix viridana.* Lin. 1ᵃ la même à l'état de repos ; 1ᵇ chenille ; 1ᶜ chrysalide ; 1ᵈ bourgeon attaqué par la chenille.

Fig. 2. — Pyrale des pommes (*Carpocapsa pomonana.* Lin.). 2ᵃ chenille ; 2ᵇ chrysalide ; 2ᶜ pomme coupée par son milieu, et attaquée par la chenille de cette pyrale.

TINÉIDES

Fig. 3. — Teigne déprimée (*Tischeria complanella.* Hubn.) 3ᵃ chenille ; 3ᵇ chrysalide ; 3ᶜ feuille de chêne minée par la chenille.

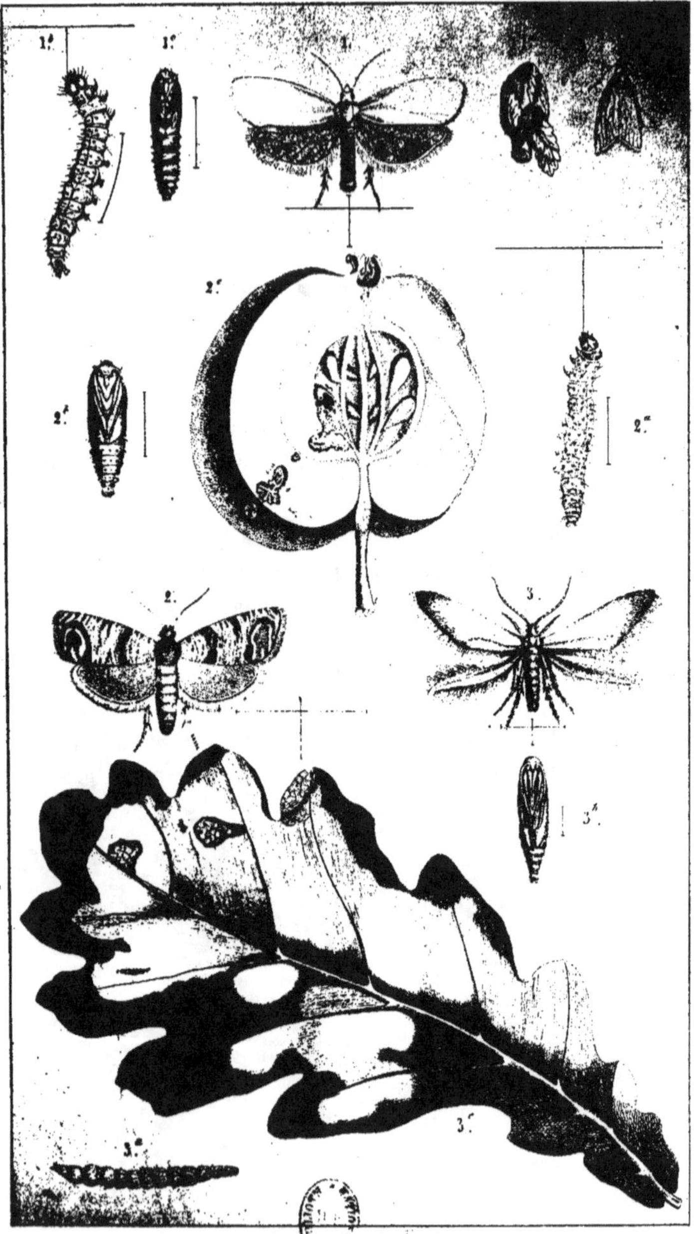

PLANCHE XLI.

LEPIDOPTÈRES

TINÉIDES

Fig. 1. — Teigne du cerisier à grappe (*Hyponomeuta padi.* Zell.). 1a rameau de cerisier à grappe chargé d'un nid de chenilles.

Fig. 2. — Teigne du fusain (*Hyponomeuta evonymella.* Scop.) 2a chrysalide.

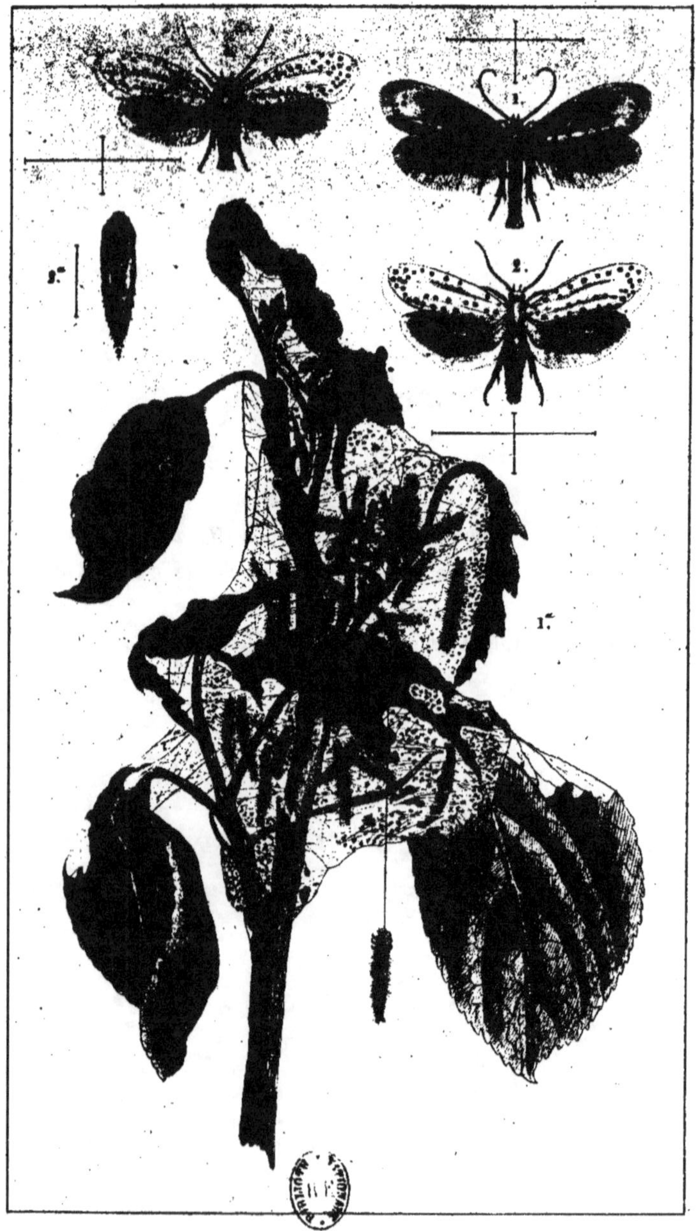

—

LEPIDOPTÈRES

TINÉIDES

Fig. 1. — Nid avec les coques des chrysalides d'un Hyponomeuta. Au-dessous, coques isolées et chrysalide.

PTÉROPHORIDES.

Fig. 2. — Alucite ou Ornéode polydactyle (*Alucita polydac-
tyla.* Hb.) très grossi. 1ª grandeur naturelle.

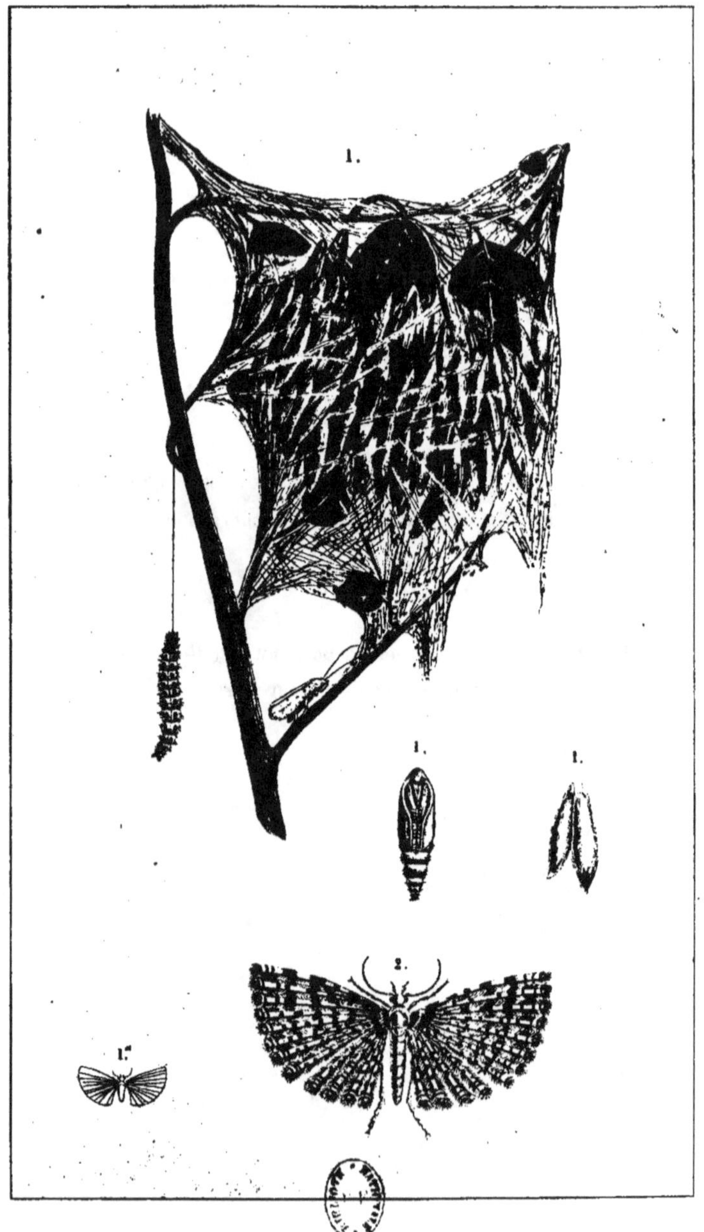

1.
1.
1.
1.
2.

—

HÉMIPTÈRES

GÉOCORISES

Fig. 1. — Pentatome rufipède (*Tropicoris rufipes.* Lin.).
1ᵃ larve ; 1ᵇ œufs.

HYDROCORISES

Fig. 2. — Notonecte glauque (*Notonecta glauca.* Lin)

CICADIDES

Fig. 3. — Cigale du frêne (*Tettigia orni.* Lin.).

APHIDES

Fig. 4. — Puceron du peuplier (*Aphis populi.* Fab.). ♀ ailée,
grossie 14 fois. 4ᵃ ♀ aptère grossie 14 fois.

Fig. 5. — Puceron de l'érable (*Aphis platanoïdes.* Klt.).
♀ aptère grossie 8 fois.

Fig. 6. — Adelges de l'épicéa (*Adelges abietis*). ♂, grossi
14 fois. 6ᵃ ♀, ailée, grossie 10 fois. 6ᵇ ♀, aptère pondant une
larve, grossie 15 fois.

GALLINSECTES OU COCCIDES

Fig. 7. — Cochenille de l'épicéa (*Coccus racemosus.* Ratz.).
grossi 14 fois ; 7ᵃ ♀ avant la ponte, grossie 22 fois.

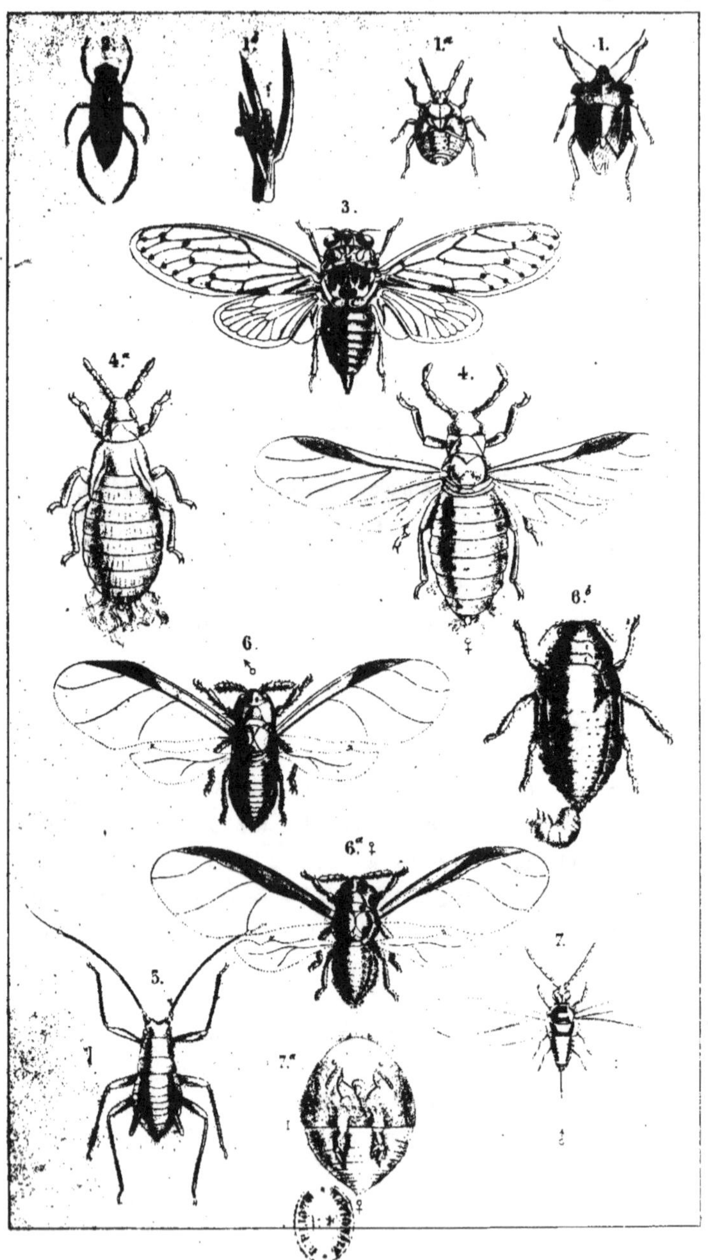

PLANCHE XLIV.

—

PHÉNOMÈNES DE VÉGÉTATION DUS AUX PIQURES D'HÉMIPTÈRES
APHIDIENS ET GALLINSECTES

Fig. 1. — Rameau d'orme couvert de galles vésiculeuses
dues à plusieurs espèces de puçerons. A, galle du puceron
blanc *(Alphis alba*. Ratz). B, galle du puceron cotonneux *(Schi-
zoneura lanuginosa*. Hart.). C, galle du puceron de l'orme *(Te-
traneura ulmi*. Lin.). Presque grandeur naturelle.

Fig. 2. — Rameau d'épicéa avec les galles de *l'Adelges
strobilobius*. Licht. Grandeur naturelle.

Fig. 3. — Rameau d'épicéa avec une galle *d'Adelges abietis*.
Lin. Grandeur naturelle.

Fig. 4. — Rameau de mélèze dont les feuilles sont en partie
coudées par suite des piqûres et de la ponte du *Chermes laricis*.
Htg. Grandeur naturelle. 4ª une des feuilles du rameau
précédent, grossie pour montrer la disposition des œufs.

Fig. 5. — Rameau d'épicéa sur lequel se trouvent appliquées des femelles de la cochenille de l'épicéa.

Fig. 6. — Cochenilles du charme appliquées sur une jeune
branche.

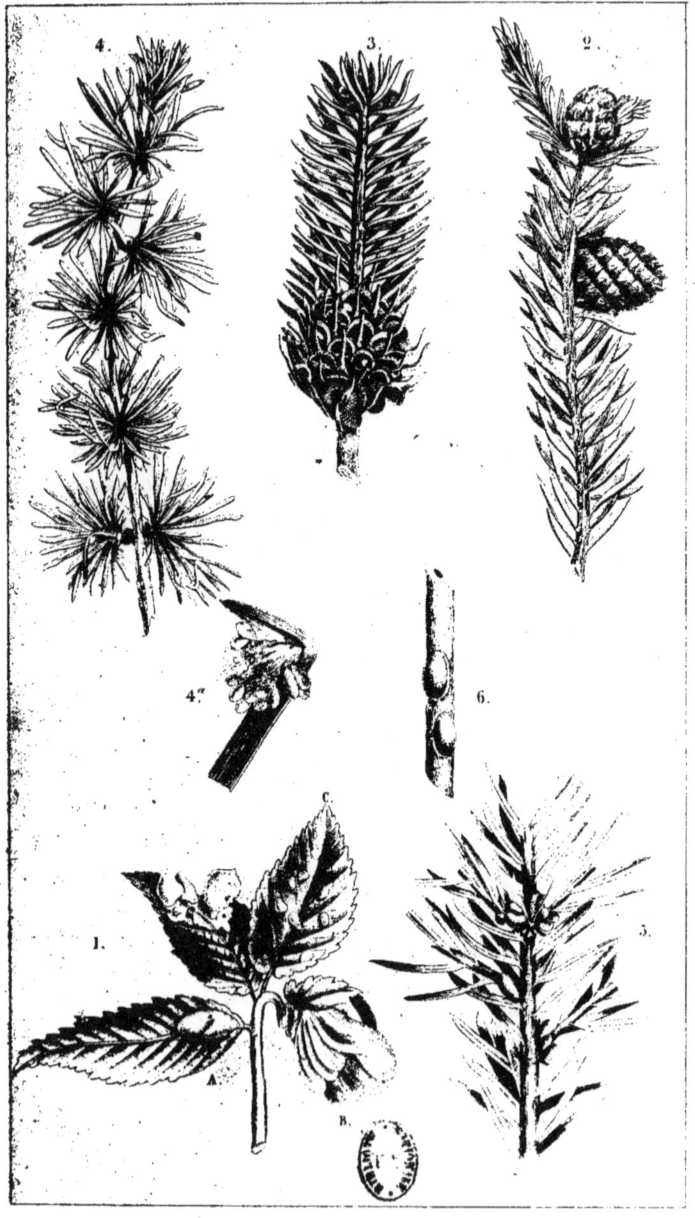

—

DIPTÈRES

TIPULAIRES GALLICOLES

Fig. 2. — Cecidomyie du pin (*Cecidomyia pini.* Deg.).

Fig. 3. — Feuille de hêtre couverte de galles de la Cecidomyie du hêtre (*Hormomyia fagi.* Htg.) *a* et de la Cecidomyie piligère (*Hormomyia piligera.* H. Lw.). *b.*

SYRPHIDES

Fig. 5. — Larve de Syrphe suçant un puceron (gr. nat,).

Fig. 6. — Larve de Syrphe très grossie.

Fig. 7. — Pupe de Syrphe (gr. nat.).

Fig. 8. — Syrphe sélénitique (*Syrphus seleniticus.* Meig.).

Fig. 9. — Syrphe galonné (*Melithreptus menthastri.* Lin. Var. *tœniatus.* Meig.).

MUSCIDES ACALYPTÉRÉES (TRYPETINES)

Fig. 4. — Spilographe des cerises (*Spilographa cerasi.* Lin.) ; 4ª gr. nat.

Fig. 10. — Dacus des olives (*Dacus oleœ.* Fab.), très grossi.

Fig. 10ª . — Olives attaquées par le *Dacus oleœ.*

MUSCIDES CALYPTÉRÉES (TACHININES)

Fig. 11. — Echinomyie sauvage (*Echinomyia fera.* Lin.).

Fig. 12. — Echinomyie de la noctuelle pininerde (*Echinomyia piniperdæ.* Ratz.).

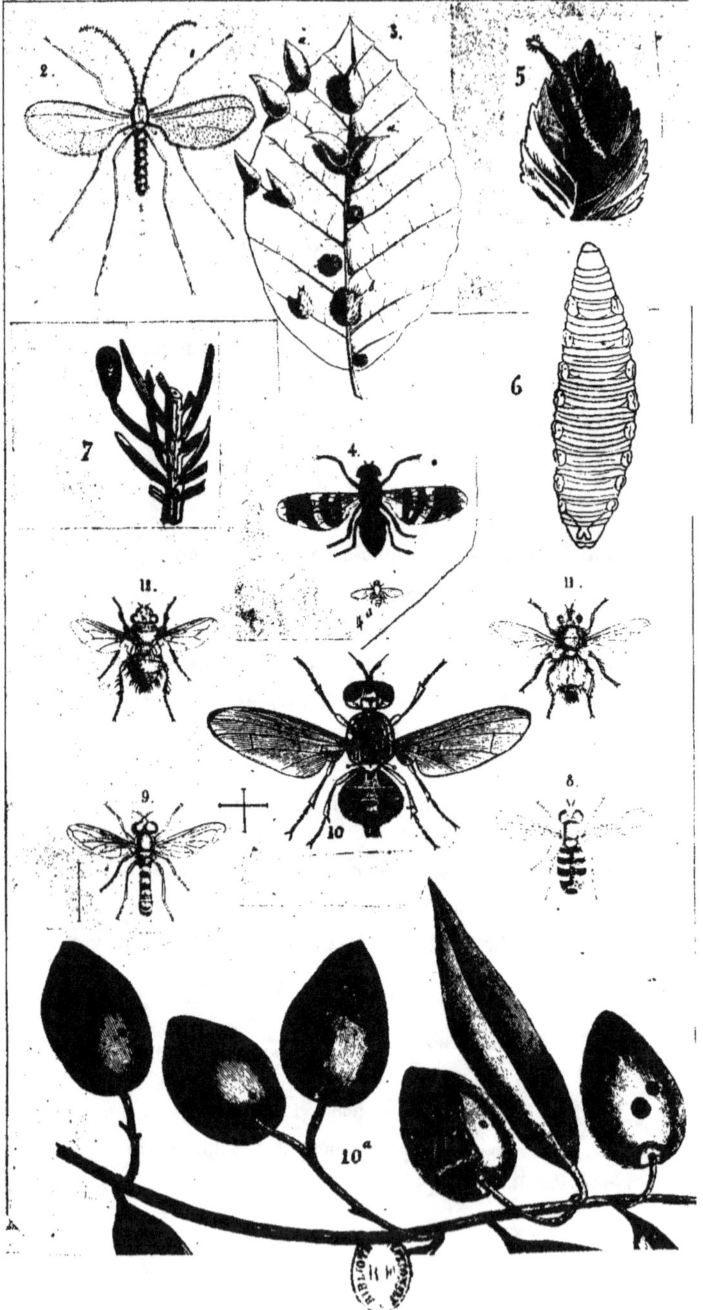

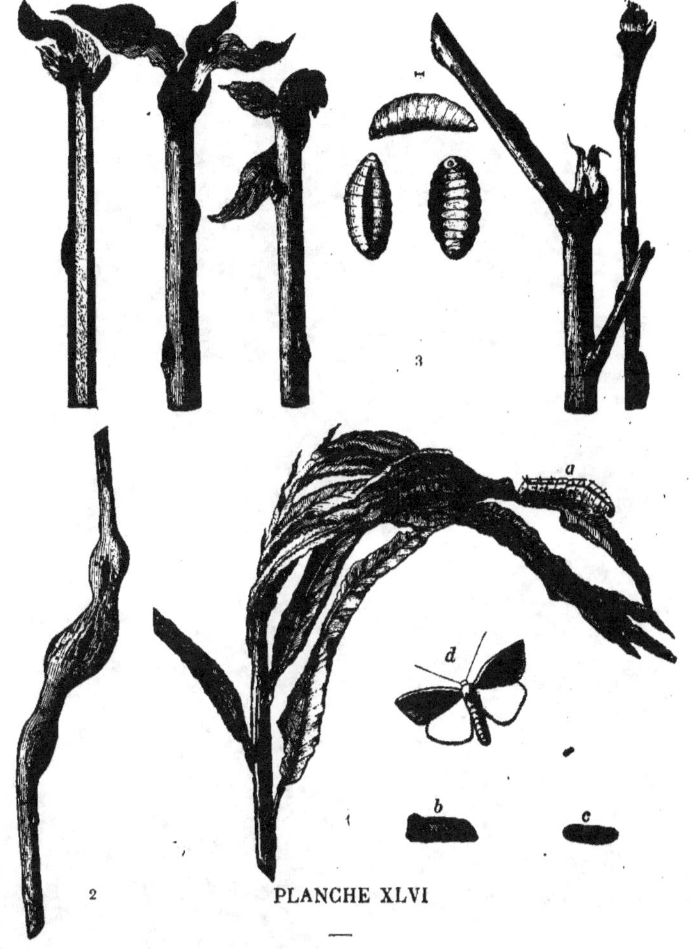

PLANCHE XLVI

LEPIDOPTÈRES

Fig. 1. — *Halias chlorana* : *a*, chenille rongeant la pousse terminale et les feuilles du saule viminal ; *b*, cocon ; *c*, nymphe ; *d*, papillon (gr. nat.).

DIPTÈRES

Fig. 2. — Galles produites par la *Cecidomyia salicis* Schrk. sur la tige du saule pourpre.

Fig. 3. — Dégâts de la *Cecidomyia apiciperda* Altum. Les larves sont très grossies.

Chataignier attaqué par la chenille du Bombyx disparate (*Liparis dispar*) le 9 juillet 1887, et photographié le 16, Saint-Thibaud-de-Coux (Savoie).

D'après une photographie de M. Chapelain, inspecteur des forêts.

—

DÉGATS d'INSECTES

(COLLECTIONS DE L'ÉCOLE NATIONALE FORESTIÈRE) $\left(\text{RÉD. } \frac{4}{10}\right)$

—

Fig. 1. — Galeries de *Lyctus canaliculatus* dans l'aubier d'un chêne yeuse (en section longitudinale) ; 1ª en section transversale.

Fig. 2. — Dégâts des fourmis (*Camponotus ligniperdus*) dans une planche de liége.

Fig. 3. — Galeries du grand Capricorne (*Cerambyx heros*) dans le chêne.

Fig. 4. — Ses galeries dans de jeunes tiges de frêne (à gauche un insecte mort dans sa galerie).

Fig. 5. — Coupe transversale d'un chêne montrant l'influence de la défoliaison par les hannetons sur l'accroissement ligneux. On y voit un amincincissement remarquable des couches annuelles à partir de 1847, se reproduisant tous les trois ans jusqu'en 1877.

1a

1

2

3

4

5

Texte en volume
de 34.4 pour cent
dû à l'amincissement des couches annuelles
dans les années de fauchaison.

INFLUENCE DE LA DÉFOLIAISON
par les hannetons
sur l'accroissement ligneux.

Chêne de la Seine-Inférieure
où abondent les hannetons.
né en 1843. coupé fin de 1877.

Amincissement remarquable
des couches annuelles
à partir de 1847
se reproduisant tous les 3 ans
jusqu'en 1877.

INDEX ALPHABÉTIQUE

ANIMAUX DOMESTIQUES (*Suite*).

grouper les diverses instructions qui s'y rapportent et de les mettre à la portée des vétérinaires, des municipalités et des administrateurs des départements, n'a été publié.

Cet ouvrage comble donc une lacune et rend des services à l'une des branches les plus importantes de l'agriculture. Il se divise en deux parties, savoir :

1° *Législation actuelle sur les épizooties* : Lois, décrets, circulaires ministérielles en vigueur, classés par ordre de date ;

2° *Formulaire* : Arrêtés préfectoraux et municipaux, rapports des vétérinaires, instructions diverses, procès-verbaux d'expertise, demandes d'indemnités, etc., etc.

Faciliter à tous l'application de la loi bienfaisante du 21 juillet 1881, tel a été le but constant et la constante préoccupation de l'auteur, qui a soumis son travail à M. le Ministre de l'agriculture.

ANNALES DE LA SCIENCE AGRONOMIQUE (*V.* p. 30).

ARBORICULTURE (*V.* PUBLICATIONS FORESTIÈRES).

BÉTAIL (*V.* ANIMAUX DOMESTIQUES).

BIÈRE, BRASSERIE (*V.* INDUSTRIES DIVERSES).

BOUCHERIE (*V.* ANIMAUX DOMESTIQUES).

CARRIÈRES, MINES, CONSTRUCTION.

Exploitation et Législation des Carrières. Propriété. Exploitation. Servitudes. Réglementation. Par J. LA RUELLE, ingénieur des mines. 1887. Volume in-12, cartonné . . . . **3 fr. 50**

Topographie des Mines. Carnets pour inscriptions conformes au cours de topographie professé à l'École des mines de Paris. 10 types divers, formant chacun un carnet in-8° oblong, imprimé sur papier quadrillé.

Type n° 1. Levé souterrain à la boussole des mines (carnet d'opérations).
Type n° 2. Levé souterrain à la boussole des mines (registre des calculs).
Type n° 3. Levé souterrain au théodolite des mines (carnet d'opérations).
Type n° 4. Levé souterrain au théodolite des mines (registre des calculs).
Type n° 5. Levé superficiel. Triangulation au théodolite simplifié (carnet d'opérations).
Type n° 6. Levé superficiel. Triangulation au théodolite simplifié (registre des calculs).
Type n° 7. Levé à la boussole carrée (carnet d'opérations).
Type n° 8. Nivellement de précision (carnet d'opérations).
Type n° 9. Nivellement de précision (registre de calculs).
Type n° 10. Détermination géodésique. Observations sidérales (carnet d'opérations).

Prix de chaque carnet, cartonné . . . . **2 fr. 50**
La collection des 10 carnets . . . . **22 fr. 50**

Éclairage des Chantiers, par R. COLSON, capitaine du génie (Extrait de la *Revue du Génie militaire*). 1888. In-8°, avec 3 grav. et 1 pl. **1 fr. 25**

Fondations au moyen de la Dynamite, par L. E. BONNEFON, capitaine du génie (Extrait de la *Revue du Génie militaire*). 1887. In-8°, avec planche, broché. . . . . **75 c.**

Planchers en bois et en fer, par H. GRISON, capitaine du génie. 1891. In-8°, avec 15 figures, broché . . . . **1 fr. 50**

Revue du Génie militaire, paraissant tous les deux mois, 6 livraisons par an, depuis 1887. — *Chaque livraison comprenant environ six feuillets in-8°, avec figures dans le texte et planches hors texte.* — Prix par an, France : **15** fr.; Union postale. . . . . **16 fr. 50**

CHEMINS, CHEMINS DE FER (*V.* VOIES DE COMMUNICATION).

CHEVAL, DRESSAGE, ÉQUITATION, HIPPOLOGIE (Suite).

Petit Vocabulaire des principaux termes de Courses et de Vénerie. 1887. Gr. in-8°, broché 2

Des Marches de la Cavalerie. Données théoriques. Résultats d'expériences, par L. FAUVART-BASTOUL, capitaine commandant au 1er régiment de chasseurs. 1888. Volume in-12, broché 3

Sur un Système de Ferrure à glace pour chevaux de trait, par L. MASQUELIER, lieut. d'artillerie. 1889. In-8°, avec 18 fig., br.   1 fr. 50

Revue de Cavalerie. Paraissant en 12 livraisons mensuelles, à partir d'avril 1885. — *Chaque livraison comprenant environ 8 feuilles grand in-8°, avec figures dans le texte et planches hors texte.* — Prix par an, France : **30** fr.; Union postale. . . . . 33 fr.

CHIMIE ET PHYSIOLOGIE AGRICOLES.

Annales de la Science agronomique française et étrangère *(V. p. 30 à 32).*

Annales de l'Institut national agronomique (École supérieure de l'Agriculture). Administration. Enseignement et recherches. Publication du Ministère de l'Agriculture. Volumes gr. in-8°.

Vol. I à VI *épuisés.*

Vol. VII. Maladies du safran, par E. PRILLEUX. — Dommages causés aux vignes par le Peronospora viticola, par E. PRILLEUX. — Études sur l'engraissement intensif, par A. MUNTZ et CH. VIET. — Voyage agricole dans la Nouvelle-Galles du sud, par M. de SAVIGNON. — Organisation des instituts et laboratoires allemands, par A. ORRY. — Organisation des écoles d'agriculture théoriques de la Prusse, par E. SCHRIBAUX. — Étude des machines pour la préparation des racines et des tubercules, par M. RINGELMANN, etc. 380 pages avec gravures et 6 planches. 1883. . . . . 12 fr.

Vol. VIII. Météorologie agricole, par EUG. RISLER. — Mémoire sur le lait, par E. DUCLAUX. — Dessèchement de la vallée du Pô, par A. HÉRISSON. — Valeur alimentaire de l'avoine, par A. MUNTZ et A. GIRARD. — Digestion des fourrages chez le cheval, par les mêmes, etc. 213 pages avec gravures et 1 planche. 1884 . . . . 5 fr.

Vol. IX. Mémoire sur le lait, par E. DUCLAUX. — L'alimentation et la production du cheval, par A. MUNTZ et A. GIRARD. — Étude sur le topinambour, par les mêmes. — Traitement du mildew, par D. JOUET. — L'exploitation agricole et la fabrication du sucre de betterave en Moravie, par J. BIGNON, etc. 335 pages, avec 11 planches. 1886. . . . . 10 fr.

Vol. X. Rapport sur les stations agronomiques et les stations d'industrie agricole en Allemagne, par E. KAYSER. — Recherches sur le développement de la betterave à sucre, par A. GIRARD. — Action de la lumière solaire sur les substances hydrocarbonées, par E. DUCLAUX. — Dans quelles limites l'analyse chimique des terres peut-elle servir à déterminer les engrais dont elles ont besoin? par E. RISLER et E. COLOMB-PRADEL, etc. 363 pages, avec 7 planches. 1887 . . . . 10 fr.

Vol. XI. Sur les tumeurs à bacilles des branches de l'olivier et du pin d'Alep, par M. PRILLEUX. — Rapport sur la grande propriété en Bohême et sur le domaine de Nachod, par J. BIGNON. — Le crédit agricole en Allemagne, par E. LE BARBIER, etc. 692 pages, avec gravures et 11 planches. 1890. . . . . 20 fr.

Vol. XII. Questions relatives à l'achat et à l'analyse des semences, par Léon BUSSARD. — Étude sur l'utilisation des tourbes françaises en agriculture, par H. HITIER. — Étude sur la *Surveyor's-institution* de Londres, par L. DUBOIS. — La viticulture à Tokay, par R. JOUZIER. — Notes agricoles sur le Portugal, par G. MALET, 276 p., avec grav. 1891.   3 fr.

Chimie et physiologie appliquées à l'Agriculture et à la Sylviculture (Cours d'agriculture de l'École forestière de Nancy), par L. GRANDEAU, doyen de la Faculté des sciences de Nancy, professeur d'agriculture

CHIMIE ET PHYSIOLOGIE AGRICOLES (Suite).

Discussion des méthodes d'analyse des vins. Le virus-vaccin du charbon. Analyse de la bière. Stations expérimentales forestières. Fixation de la valeur dans les principes immédiats des fourrages.

Alimentation rationnelle du cheval. — Visite à la manutention et au laboratoire de la Compagnie générale des voitures. — Rapports sur les travaux du laboratoire de recherches de la Compagnie générale en 1879 et en 1880, par MM. Grandeau et Leclerc. Discussion sur l'organisation des Stations.

Documents à consulter. — Engrais phosphatés. — Champs d'expériences de la Station agronomique de l'Est: huit années d'expériences comparatives sur les fumures azotées et phosphatées et les fumures sans azote, par L. Grandeau. — Résumé des mémoires sur les engrais phosphatés. — Mémoires de MM. A. Petermann, Dünkelberg, Aubert, Vagner, Jamieson, Vœlcker, Märcker. — Documents sur le dosage de l'azote sous ses diverses formes. — Mémoires de MM. Warington, Williams, Ruffe et Carnet. — Analyse des vins.

Rapports divers de MM. Pasteur, Balard et Wurtz, contre M. H. Manheimer.

(Pour les Comptes rendus du DEUXIÈME CONGRÈS INTERNATIONAL DES DIRECTEURS DES STATIONS AGRONOMIQUES EN 1889, *voir les* Annales de la Science agronomique, 6ᵉ et 7ᵉ années.)

Recherches sur les Formes naturelles de l'Humus, par le docteur P. E. MULLER (V. p. 20).

La Marche de l'Absorption des Principes nutritifs par les Plantes et son importance pour la théorie des engrais, par le docteur G. Leuscher, traduit par M. GERSCHEL, professeur à l'École nationale forestière. 1888. Volume grand in-8°, avec 20 planches de diagrammes . . . . 6 fr.

« Cette étude, d'un grand intérêt, offre une analyse des recherches entreprises depuis une vingtaine d'années dans les stations agronomiques et laboratoires agricoles, sur la composition immédiate et sur les cendres des végétaux de la grande culture à leurs divers stades de développement. L'auteur a rendu, par cette étude critique de l'évolution de la nutrition des végétaux, un service considérable aux agronomes. »

Les 20 diagrammes accompagnant le mémoire reproduisant la marche de l'assimilation des principes nutritifs dans les plantes qui y sont étudiées: Orge d'été. Avoine. Blé d'hiver. Orge d'hiver. Maïs hadois. Maïs dent de cheval. Lin. Colza. Pommes de terre. Turneps. Carottes. Chicorée. Trèfle rouge. Trèfle incarnat. Serradella. Lupin. Pois. Féveroles.

La Statique de l'Azote en Agriculture. Recherches faites à l'Institut de physiologie végétale de l'École supérieure d'agriculture de Berlin, par B. FRANCK, directeur du laboratoire de physiologie végétale. Traduit par M. GERSCHEL, professeur à l'École nationale forestière, avec une introduction par M. SCHLŒSING. Volume gr. in-8°, avec 4 planches . . 6 fr.

Des méthodes. — Des pertes d'azote en agriculture. — Sources directes certaines de la nutrition azotée des plantes. — L'azote libre de l'air utilisé pour la nutrition des plantes. Si l'azote est fixé dans le sol naturel sans l'intervention des plantes culturales. — Si les poils des racines interviennent dans la fixation de l'azote. — Rapports entre le développement de la plante et son aptitude à fixer de l'azote. — Résultats des recherches précédentes.

Recherches sur l'Alimentation azotée des Graminées et des Légumineuses, par H. HELLRIEGEL et H. WILFARTH, traduit de l'allemand par E. GOURIER, membre de la société centrale d'agriculture de Meurthe-et-Moselle. 1891. Volume gr. in-8°, avec nombreux tableaux d'analyse, 6 planches en phototypie . . . . 7 fr. 50

Recherches sur la Culture de la Betterave à sucre, par A. PETERMANN, directeur de la station agronomique de l'État, à Gembloux. 1890. Grand in-8° 75

… …ques de l'Allemagne, par
… … de la Station agronomique de l'Est. 1887.
. . . . 1 fr. 50

… … de Munich. — Jardin d'expériences et laboratoire de
… … laboratoires des professeurs Pettenkofer, Ebermayer et
… … de Leipzig. — Station de recherches physiologiques de
… … de l'Université et station agronomique de Halle. — Mines
… … de Tharand. — École supérieure d'agriculture de Berlin.

(… LA SCIENCE AGRONOMIQUE, ANIMAUX DOMESTI-
… … ET AMENDEMENTS, GÉOLOGIE, FORÊTS.)

… … (ÉCONOMIE AGRICOLE).

… …

… … Étude historique et archéologique sur l'ali-
… … et les usages populaires de l'ancienne province
… …, avocat à la Cour d'appel de Nancy. 2ᵉ édition,
. . . . 8 fr.

… …GRAPHIES PROFESSIONNELLES, p. 14).

… …ES ET FORESTIÈRES (V. p. 26).

… …, COMMERCE, STATISTIQUE.

… … de Commerce et de l'Industrie. *Recueil contenant les*
… … *règlements relatifs au commerce et à l'industrie*, avec un
… … des circulaires ministérielles, de la jurisprudence du
… … État et de la Cour de cassation, par Georges PAULET, chef de
… … ministère du Commerce. 1892. Un volume gr. in-8° de 960 pages,
. . . . 15 fr.
… …chagrin, plats toile . . . . 18 fr.

… … publié dans des conditions toutes nouvelles, est exclusivement consacré à la lé-
… … *et commerciale*.
… … les actes législatifs, réglementaires et administratifs qui sont applicables
… … l'industrie.
… …istrateurs, aux magistrats, aux justiciables, des recherches pénibles et sou-
… … réunir en un volume d'un maniement facile les lois, les ordonnances, etc.,
… … toutes les professions ou opérations industrielles et commerciales ; signaler l'ap-
… … sont la pratique administrative et la jurisprudence, mettre ainsi à la portée de
… … même ignorant du droit, le texte authentique et commenté de tous les actes
… … matière de législation industrielle et commerciale : tel est le travail que nous
… … et que nous avons confié à un administrateur familiarisé par ses fonctions
… … avec les multiples exigences de la pratique.
… … ce *Code* rend de précieux services à toutes les personnes auxquelles leurs
… … affaires ou leurs études imposent la connaissance de la législation industrielle
… …commerciale.

ÉCONOMIE AGRICOLE. COMMERCE. STATISTIQUE (Suite).

Nous mentionnerions en première ligne les principaux intéressés, c'est-à-dire les négociants et les industriels, si l'expérience ne semblait malheureusement établir leur méfiance des dispositions juridiques et leur trop facile résignation à se décharger sur autrui de la connaissance de leurs obligations et de leurs droits. Et pourtant, pour le commerçant ou le manufacturier qui posséderait sous la main et saurait consulter à propos les lois et règlements applicables à son industrie ou à son négoce, que de difficultés pourraient être levées, de pertes évités, de contraventions prévenues, de pertes de temps et d'argent conjurées, de droits maintenus en connaissance de cause à l'encontre d'adversaires sans scrupules ou d'administrations parfois inexpérimentés !

Tous, nous l'espérons, pourront, à des titres divers, recourir utilement à ce nouveau Recueil dont nous avons voulu faire un Recueil complet, commode et pratique, et que nous aurons soin de tenir constamment à jour par des *suppléments* et des *rééditions*.

Envoi, sur demande, du prospectus détaillé, avec les appréciations de la presse.

Annuaire de l'Enseignement commercial et industriel, publié sous la direction de Georges PAULET, chef du bureau de l'enseignement commercial au ministère du commerce. Première année. 1892. Un vol. in-8 de 532 pages, cartonné . . . .

La Contribution foncière sur les Propriétés bâties (Bibliothèque du contribuable). Commentaire pratique des articles 4 à 13, 26 et 27 de la loi du 8 août 1890, par M. Léon GARNIER, chef de division à la préfecture de la Seine et M. Paul DAUVERT, secrétaire-greffier du Conseil de préfecture de la Seine, rédacteurs de la *Jurisprudence des Conseils de préfecture*. 1891. Un volume in-12. 3

Ce *Commentaire pratique* permettra aux contribuables de vérifier les bases de leur imposition. Il leur fournira aussi, s'ils se croient surtaxés, les indications nécessaires pour saisir de leurs réclamations le Conseil de préfecture et, le cas échéant, le Conseil d'État. C'est surtout à ce point de vue que l'on s'est placé en publiant un livre qui, bien qu'il soit plus *spécialement destiné aux propriétaires* et aux gérants de propriétés, sera encore nécessaire aux avocats, aux notaires, aux avoués, aux architectes, aux agents d'affaires et mandataires qui représenteront les propriétaires devant les Conseils de préfecture, aux maires défenseurs des intérêts des communes, et aux répartiteurs, représentants des contribuables à qui la loi impose l'obligation de donner leur avis sur les réclamations.

Dictionnaire des Patentes, contenant le texte des lois en vigueur au 1er janvier 1891, les tarifs annexés à ces lois et la définition de chaque profession, par P. BRUSSAUX et P. GUITTIER, inspecteurs des contributions directes. 1891. Un volume grand in-8°, de 880 pages, broché . . 15 fr.
Relié en demi-maroquin, plats toile. . . . . 18 fr.

De toutes nos lois fiscales, la plus importante et peut-être la moins connue est celle qui a trait à l'assiette de la contribution sur les patentes.

Quant aux tarifs annexés à cette loi, on sait qu'ils se bornent à présenter la nomenclature des diverses professions passibles de l'impôt, sans contenir d'explications sur la nature des professions ni sur les conditions dans lesquelles elles sont exercées.

En d'autres termes, les tarifs ne *définissent* pas les professions.

Or, toutes les personnes qu'intéresse de près ou de loin l'application de cette législation ont constaté cette lacune, et souvent, elles ont émis le vœu qu'une définition, conforme aux usages du commerce, fût donnée en regard des nombreuses professions qui figurent aux tarifs.

C'est un besoin qui se fait particulièrement sentir pour les membres des tribunaux administratifs ; pour les Chambres de commerce ; pour MM. les Préfets et Sous-Préfets ; pour MM. les Maires, appelés par la loi à formuler un avis sur la suite qu'il convient de donner aux réclamations présentées par les patentables. Quant aux commerçants ou aux industriels, l'ignorance dans laquelle ils vivent généralement, en ce qui concerne l'application des lois fiscales, les met, le plus souvent, dans l'impossibilité de constater par eux-mêmes si leur imposition est bien ou mal établie.

Ce *Dictionnaire* est appelé à rendre les plus grands services, en permettant à chacun de se rendre compte, par soi-même, de ses droits et de ses devoirs.

ÉCONOMIE AGRICOLE. COMMERCE. STATISTIQUE (Suite).

de crédit mutuel d'Allemagne et d'Autriche, par Emmanuel [illegible], ingénieur agronome. 1890. Volume gr. in-8°, de 465 pages [illegible].

Étude sur l'Économie rurale de l'Alsace, par E. Tisserand, [illegible] d'État, directeur de l'agriculture, et L. Lefébure, ancien député. [illegible] Volume in-12 . . . .

Le sol. Le climat. Les cultures, leur produit brut, leur produit net et la [illegible] de production. Constitution de la propriété. La vie rurale en Alsace. Aménagement des [illegible].

La Société des sciences, agriculture et arts du Bas-Rhin. Histoire de l'Association alsacienne des amis de l'agriculture à Strasbourg (1794-1887), par Paul Muller. Gr. in-8°, broché. . . . . 4 fr.

Le Commerce français en Orient. Collection publiée sous le patronage du Ministère des affaires étrangères.

— La Serbie économique et commerciale, par René Millet, ancien ministre de France en Serbie. Avec le concours du marquis H. de [illegible]. 1889. Volume in-8°, avec deux cartes et une table analytique. . . . . [illegible]

Cet ouvrage donne de précieux renseignements sur les débouchés, de commerce, d'importation et d'exportation d'un pays dont les relations avec la France augmentent chaque année. Les principaux articles d'exportation de la Serbie sont les produits minéraux, les céréales et les fruits secs, les plantes textiles et les cocons de soie, le bétail, les cuirs et les produits dérivés, les vins et les spiritueux, les bois, etc. — Les deux auteurs de ce livre sont appelés, au même titre, à rendre de grands services au commerce français.

— Smyrne. Situation commerciale et économique des pays compris dans la circonscription du consulat général de France (vilayets d'Aïdin, de Konieh, et des Iles), par F. Rougon, consul général de France à Smyrne. 1892. Volume in-8°, de 714 pages . . . . 12 fr.

— La Syrie. Situation économique et commerciale par M. Guroy, gérant du consulat général de France à Beyrouth, suivi de *La Palestine agricole et commerciale*, par M. Ledoux, consul général de France à Jérusalem. 1892. Volume in-8°. (*Sous presse.*)

L'Agriculture au Japon, son état actuel et son avenir, par le docteur Shinkizi Nagai. Traduit de l'allemand par Henry Grandeau, sous-directeur de la Station agronomique de l'Est. 1888. Vol. gr. in-8° . . . 3 fr.

Constitution du sol. Le climat. La culture du sol. — Engrais. — Cultures. — Élevage. Les conditions actuelles et l'avenir de l'agriculture japonaise.

Notions pratiques d'Agriculture, d'Horticulture et d'Arboriculture, à l'usage des écoles primaires, par E. Gromaire, ancien professeur d'agriculture, directeur de l'école normale d'instituteurs de Nancy. Un volume in-12, cartonné. . . . . 1 fr. 50.

L'ouvrage que nous publions s'adresse à la fois aux *Instituteurs* et aux *Cultivateurs*. Il répond au vœu de la loi du 28 mars 1882 sur l'enseignement primaire obligatoire, et il suffit pour la préparation au certificat d'études primaires supérieures et au Brevet élémentaire (Arrêtés du 29 décembre 1888).

Mettre les principes essentiels de la science agronomique à la portée, non seulement des *Élèves des écoles*, mais aussi de toutes les personnes qui s'occupent de travaux agricoles, tel est le but pratique auquel visent ces *Notions*.

Les pouvoirs publics ont mis l'enseignement agricole au nombre des matières obligatoires du programme primaire. C'est aux Instituteurs à seconder leurs vues. Qu'ils donnent à leurs leçons un caractère plus utile, plus pratique ; qu'au moyen de quelques promenades à la campagne, d'excursions dans des exploitations bien tenues, ils accoutument leurs élèves à

... agricole dans les Écoles primaires, par J. DE CRI-
... d'État. 1879. Grand in-8° . . . . 75 c.

... tutions de Prévoyance. Caisses d'épargne nationale
... de secours mutuels, Caisses de retraites nationale et
... professionnels, Participation aux bénéfices, Associa-
... Banques populaires, Assurances, etc., paraissant par
... mensuelles de 3 feuilles grand in-8°, sous la direction de
... MAZE, sénateur, président de la commission supérieure de
... nationale des retraites, 5e année, 1891.

... ET Cie, LIBRAIRES-ÉDITEURS. PARIS ET NANCY

ÉCONOMIE AGRICOLE. COMMERCE. STATISTIQUE (Suite)

Prix par an ; France et Algérie, 15 fr. ; Étranger . . . .
Les années précédentes se vendent au même prix. Le numéro . . . .

Statistique agricole de la France, publiée par le ministère de l'Agriculture. Résultats généraux de l'enquête décennale de 1882. Un
grand in-8°, comprenant 430 pages de texte et 343 pages de . . . .
broché . . . .

Statistique internationale de l'Agriculture, rédigée et publiée par
le service de la Statistique générale de France (Ministère de l'agricul-
et du commerce). 1877. Un volume grand in-8°, broché . . . .

ENGRAIS ET AMENDEMENTS.

La Fertilisation des champs par la Désinfection des villes, système Guillaume pour le traitement des engrais organiques, par M. Grandeau, directeur de la Station agronomique de l'Est. 1883. Grand in-8°,
avec une planche . . . .

> Ressources de la France en engrais de ferme et les exigences des récoltes. — Emploi
> des vidanges à la commission d'assainissement de Paris. — Traitement des engrais,
> appareils, installation, etc. — Composition et valeur agricole de l'engrais préparé.

Les Eaux et Égouts de Paris, par A. Boulan, chef de bureau au ministère de l'intérieur. 1880. Grand in-8° . . . . 1 fr.

**Rapport fait au Comité des Stations agronomiques et des La-
boratoires agricoles**, par la sous-commission des méthodes analytiques : MM. Schlœsing, Aimé Girard, Grandeau et Müntz. 1883. Grand
in-8° . . . . 2 fr.

> Examen des engrais, échantillonnage. — Dosage de la potasse, de l'azote, de l'ammo-
> niaque, de l'acide nitrique, du nitrate de soude, de l'acide phosphorique, etc., dans les di-
> verses matières fertilisantes.

Recherches sur les formes naturelles de l'Humus et leur influence
sur la végétation et le sol, par le Dr E. Muller (*V.* page 20).

Emplois agricoles du Sel marin, par Édouard Fraisse, secrétaire de la
Société centrale d'agriculture de Meurthe-et-Moselle. 1875. Grand
in-8° . . . . 3 fr.

> I. Emploi du sel dans la culture des plantes. Existence du sel marin dans les végétaux.
> Effets du sel sur la végétation. Effets du sel marin. Mode d'action du sel. Doses du sel.
> II. Emploi du sel marin dans l'alimentation du bétail. Rôle physiologique des éléments mi-
> néraux dans les animaux et dans les plantes. Utilité du sel dans l'alimentation du bétail.
> Effets du sel dans l'alimentation du bétail. Emploi rationnel du sel dans la pratique.

**Étude sur la Législation réglementant la coupe et la récolte des
Herbes marines**, par Lucien Ayrault, procureur de la République à
Quimper. 1880. Grand in-8°, broché . . . . 2 fr.

ÉPIZOOTIES (*V.* Animaux domestiques).

ÉQUITATION (*V.* Cheval).

[...] avec figures et une carte. Broché . . . . . 5 fr.

[...] dans le département de Meurthe-et-Mo-
[...] chef de travaux météorologiques à la Faculté des
[...]. Grand in-8° . . . . 1 fr.

[...]logie. Les courants électriques et la prévision du temps,
[...] de vaisseau. 1880. Gr. in-8°, broché. 1 fr. 75

[...] points de Météorologie, par le contre-amiral
[...] 1881. Grand in-8° . . . . 1 fr. 25

[...]ations barométriques en Europe (1877 à 1880),
[...] de vaisseau. 1880. Grand in-8°, avec 37 planches
[...] figures, broché. . . . . 4 fr. 50

[...] EXPORTATION (V. ÉCONOMIE AGRICOLE. COMMERCE. STA-

[...] AGRICOLE).

[...] ET Cⁱᵉ, LIBRAIRES-ÉDITEURS. PARIS ET NANCY

INDUSTRIES DIVERSES. PROFESSIONS.

Mémorial des Manufactures de l'État. — Tabacs. — [illegible]
Tome Ier (1885-1888). Volume grand in-8°, avec nombreuses [illegible]
planches. . . . .
Tome II. 1re et 2e livraisons (1889-1891). Chacune à . . . .

> Le Mémorial paraît à des époques indéterminées, par livraisons grand in-8° avec [illegible]
> le texte et planches. Quatre livraisons forment un volume.
> Sommaire du 2e fascicule du tome II. — Engrais potassique en Kabylie. —
> pour la plantation du tabac en terre sèche. — Trieur des feuilles par longueur. —
> à paraffiner continue. — Type spécial de séchoir de feuilles. — [illegible]
> loppent pendant la fermentation du tabac. — Fermentation du [illegible]
> ments. — Détermination du taux de nicotine et de la combustibilité. — [illegible]
> de potasse pour la peinture des façades des édifices. — Fabrication des [illegible]
> Culture du tabac au Caucase. — Situation et exploitation de l'industrie [illegible]
> Angleterre, en Belgique, en Allemagne et dans les États Scandinaves. — [illegible]
> monopole de la fabrication et de la vente des tabacs en Espagne.

Bulletin de la Société industrielle de Mulhouse. — [illegible]
Mécanique. — Chimie. — Sécurité des chaudières. — [illegible]
trielle. — Hygiène ouvrière. — Paraissant par livraisons [illegible]
grand in-8°, avec nombreuses planches lithographiques in-folio.
Prix par an : Paris, **20** fr. ; départements et Union postale. [illegible]

Le Travail en France. Monographies professionnelles, par [illegible]
chef du bureau des Institutions de prévoyance au ministère de l'intérieur.
Volumes grand in-8°, d'environ 500 pages, brochés, chacun [illegible]

> *En vente :* Tome I : *Apprêteurs d'étoffe. Apprêteurs de pelleterie pour [illegible]*
> *rures. Arquebusiers. Armuriers. Art dentaire. Artistes musiciens [illegible]*
> *Balanciers. Bijoutiers-Joailliers. Blanchisseurs. Buandiers et [illegible]*
> *chers. Boulangers. —* Tome II : *Boutonniers. Brasseurs. Bronziers. [illegible]*
> *riers. Céramistes. —* Tome III : *Chapeliers. Charbonniers. Charcutiers [illegible]*
> *tiers et scieurs de long. Charrons et carrossiers. Chaudronniers. —*
> *Chemisiers et cravatiers. Chiffonniers. Chocolatiers et confiseurs. [illegible]*
> *Cloutiers et épingliers. Cochers et loueurs de voitures. Coiffeurs, [illegible]*
> *perruquiers. Comptables. —* Tome V : *Cordiers. Cordonniers. [illegible]*
> *turières. Couvreurs, plombiers, zingueurs. —* Tome VI : *Cravaches, cannes [illegible]*
> *parapluies (ouvriers et fabricants de). Cuisiniers. — Cultivateurs. — [illegible]*
> *Débitants de boissons (marchands de vin, cafetiers, limonadiers et [illegible]*
> *teurs).*

L'Enseignement primaire professionnel. Étude sur la législation [illegible]
vigueur et les attributions respectives du ministère de l'instruction [illegible]
blique et du ministère du commerce, suivie des textes législatifs, par [illegible]
G. PAULET, chef de bureau au ministère du commerce. 1888. Vol. in-[illegible]
broché . . . . **3** [illegible]

Commentaire de la Loi sur les syndicats professionnels, par
Charles BRUNOT, chef du cabinet du sous-secrétaire d'État au ministère
de l'intérieur. Volume in-8°, de 486 pages, broché . . . . . [illegible]

Annuaire des Syndicats professionnels, industriels, commer-
ciaux et agricoles, constitués conformément à la loi du 21 mars 188[illegible]
en France et en Algérie. — Publication du ministère du commerce, de
l'industrie et des colonies. — 3e année, 1891. — Un volume in-8°, de
543 pages, broché . . . . [illegible]

... ET Cⁱᵉ, LIBRAIRES-ÉDITEURS. PARIS ET NANCY

TOPOGRAPHIE. TOPOMÉTRIE (*Suite*).

Manuel élémentaire de Topographie et de Lecture de à l'usage des officiers de réserve, de l'armée territoriale et des conditionnels, par Fr. HUSSON, lieutenant au 28° régiment d'infanterie. 1878. In-12, avec 44 figures, broché (Publication de l'Union des officiers).

Traité de Trigonométrie rectiligne et sphérique, par E. G, capitaine de frégate, ancien professeur à l'École navale. 1891. Vol. avec 43 figures, broché.

Sur l'Emploi des Méthodes géométriques dans les Calculs Projets de Routes et de Voies ferrées, par L. Bossut, génie. 1890. In-8°, avec 22 figures et 1 planche.

Sur l'Emploi des Méthodes géométriques dans la Détermination des Efforts intérieurs qui s'exercent dans les travaux par L. BOSSUT, capitaine du génie. 1891. In-8°, avec 6 planches.

Emploi des Instruments ordinaires de Topométrie pour les levés et les nivellements souterrains, par C. M. GOULIER, colonel du génie en retraite. 1889. In-8°, avec 6 figures.

VAINE PATURE (*V.* p. 26).

VIANDE DE BOUCHERIE (*V.* ANIMAUX DOMESTIQUES).

VIGNE.

Recherches sur les Engrais de la Vigne, par M. U. GAYON, professeur à la Faculté des sciences, directeur de la Station agronomique de Bordeaux. 1890. Grand in-8°.

Mémoire sur le Phylloxera de la vigne, ou étude sur son origine, ses évolutions, etc., avec un aperçu des moyens employés pour le combattre, suivi de l'indication du remède efficace et pratique destiné à arrêter les ravages de la contagion du phylloxera et prévenir de toute contagion les vignes non encore atteintes, par O. G. EDWARDS. 1877. In-8°, broché.

VOIES DE COMMUNICATION.

De l'Alignement. Jurisprudence et pratique administrative, par L. DELANNEY, docteur en droit, rédacteur au ministère de l'intérieur. 1891. Un fort volume in-12, broché : 3 fr. **50**.   Relié : 4 fr. 50.

> Pour exposer clairement et d'une façon pratique une question de droit administratif, il faut la connaître à fond. M. L. Delanney était mieux placé que tout autre pour nous donner un traité de l'*alignement*, qui manquait dans les ouvrages récents de droit administratif, et ce traité, très pratique, s'adresse, non seulement aux magistrats et aux administrateurs, mais à tous les propriétaires désireux de connaître leurs droits et leurs obligations, comme riverains des voies publiques.

Code-Manuel des Contraventions de grande Voirie et de Domaine public, par M. LECERF, sous-chef de bureau à la préfecture de la Seine. 1888. Un volume grand in-8°, de 306 pages. Broché.   8 fr.

> Juridiction des Conseils de préfecture en matière répressive. — Agents verbalisateurs. Procès-verbaux. — Alignements. — Rues de Paris. — Routes nationales et routes départementales. — Roulage. — Chemins de fer. — Tramways. — Lignes télégraphiques. — Chemins vicinaux. — Navigation maritime. — Navigation fluviale. — Canaux. — Cours d'eau

II

PUBLICATIONS FORESTIÈRES

ADMINISTRATION. ORGANISATION FORESTIÈRE.

Manuel du Cantonnement des Droits d'usage, destiné
aux administrateurs des communes usagères et aux propriétaires de
forêts grevées de droits d'usage, par H. DE BAZELAIRE.
In-8° . . . .

> Définition du cantonnement des droits d'usage en bois. Cantonnement judiciaire.
> Avantages pour les usagers du cantonnement amiable. Opérations du cantonnement.
> du capital usager. Détermination de la portion de forêt équivalente au droit. Supplément
> mentaire de la législation. Rachat des droits d'usage en pâturage.

Questions forestières. La méthode du contrôle de M. Gurnaud, par
P. GRANDJEAN, ancien élève de l'École forestière, conservateur des forêts en retraite. 1885. In-8°, broché . . . .

Étude sur l'expérimentation forestière (organisation et fonctionnement) en Allemagne et en Autriche, par E. RENÉ et E. HUFFEL,
professeurs à l'École nationale forestière. 1885. Grand in-8°. . .

L'Exposition forestière internationale de 1884 à Édimbourg
(Écosse). Aperçu de la situation forestière des pays qui y étaient spécialement représentés (Grande-Bretagne, Inde et colonies britanniques, Danemark, Japon), par E. REUSS, professeur à l'École nationale forestière.
1887. Un volume in-8°, broché. . . . .

Missions forestières à l'étranger, par L. BOPPE et E. REUSS, professeurs à l'École nationale forestière. 1886. Grand in-8°, broché . .

> Les forêts de la Grande-Bretagne. — La forêt du Spessart. — L'enseignement forestier
> en Autriche et en Bavière.

État des Services des anciens élèves en fonctions dans l'Administration des forêts en 1883. Publié, avec l'autorisation de M. le
Directeur des forêts, par la Direction de l'École nationale forestière.
in-8° . . . .

Note sur le recrutement du Corps forestier (*Extrait de la Revue d'administration*). 1885. Grand in-8°, broché. . . . .

Les Écoles françaises civiles et militaires, par A. ANDRÉ
(*V.* p. 26).

Les Emplois publics. Guide des aspirants aux carrières administratives,
par MÉTÉRIÉ-LARREY (*V.* p. 26).

BOTANIQUE FORESTIÈRE.

Flore forestière, par A. MATHIEU, professeur d'histoire naturelle à l'École
forestière, sous-directeur de cette École. Description et histoire des végétaux ligneux qui croissent spontanément en France et des essences importantes de l'Algérie. 3e édition, entièrement revue et considérablement
augmentée. 1877. Un volume in-8° de 644 pages, broché. . . . .

BERGER-LEVRAULT ET Cie, LIBRAIRES-ÉDITEURS. PARIS ET NANCY

CHIMIE ET PHYSIOLOGIE FORESTIÈRES (*Suite*).

L. GRANDEAU, professeurs à l'école nationale forestière. 18.. . in-8°, broché . . . .

Influence de la composition chimique du sol sur la végétation du Pin maritime et du Châtaignier. — Recherches chimiques sur la composition des feuilles d'âge et différentes. — Recherches chimiques sur la composition des feuilles du Pin noir d'Autriche.

Recherches chimiques et physiologiques sur les Lichens, par P. FLICHE et L. GRANDEAU, professeurs à l'École nationale forestière. 1887. Grand in-8° . . . .

Étude chimique sur les Essences principales de la forêt de ..., par Ed. HENRY, professeur à l'École nationale forestière. 1878. Grand in-8°, broché . . . .

Recherches sur les formes naturelles de l'Humus et leur influence sur la végétation et le sol; par le Dr P. E. MÜLLER. Traduit de l'allemand par Henry GRANDEAU, docteur ès sciences, chef des travaux agronomiques à la Faculté des sciences de Nancy, sous-directeur de la station agronomique de l'Est. Un volume grand in-8° de 351 pages, avec 16 figures et 7 planches. . . . .

I. Formes de l'humus dans les sols siliceux et argileux des forêts de hêtres. Tourbe. Formations de passage. Développement et existence, Transformation de la tourbe. Comparaison entre la tourbe des hêtres et la tourbe des bruyères. — Des différentes formes de l'humus. Différences que présente la couche supérieure du sol. Influence de la matière organique sur la nature du sol dans les forêts de hêtres. Importance de la forme de l'humus au point de vue de la géographie végétale. Sur la terre arable et la terre de forêt. — Examen des sols. Soins à donner au sol dans la forêt. Sur le choix de l'espèce d'arbre. Recherches chimiques sur le sol des forêts de hêtres. Sur les éléments humiques. Des parties constitutives des différentes sortes de sols et les éléments solubles dans l'acide chlorhydrique.

II. Formes de l'humus dans les forêts de chênes et les landes. Le sol des forêts de chênes. Le sol des landes. Les sols sous d'autres formes de végétation. Influence de la vie organique sur le sol. Transformations physiques et chimiques du sol. Différences dans le phénomène. De la nature de l'ortstein. Rapidité de la formation des landes. Variété des couches de terre humiques. — Caractère, formation du sol de la lande. Cause de la formation. Importance des vers de terre pour la formation de l'humus. — Travail du sol. Création des peuplements. Recherches chimiques sur le sol des forêts et des landes.

MALADIES DES ARBRES.

Traité des Maladies des arbres, par Robert HARTIG, professeur à l'université de Munich. Traduit sur la deuxième édition allemande par J. GERSCHEL et E. HENRY, professeurs à l'École nationale forestière. 1891. Un beau volume gr. in-8°, avec 137 figures dans le texte et une planche en couleurs, broché. . . . . 12 fr.

PRÉFACE DES TRADUCTEURS. — Nous croyons être utiles aux forestiers et, en général, à tous ceux qui s'occupent de la culture des arbres, en leur offrant la traduction de la dernière édition de ce Traité. Le sujet prend de jour en jour plus d'importance pratique depuis qu'on sait que les maladies des arbres, tout d'abord gratuitement attribuées à des influences d'atmosphère ou de sol sur lesquelles l'homme a peu ou pas d'action, sont le plus souvent causées par des champignons et peuvent être enrayées dans leur marche par des mesures appropriées.

L'auteur a bien voulu revoir notre traduction et y ajouter ses récentes découvertes. M. le docteur P. Vuillemin, chef des travaux d'histoire naturelle à la Faculté de médecine de Nancy, nous a prêté son concours pour la rédaction des notes relatives aux maladies spécialement observées en France.

Historique de la pathologie végétale. — Cause des maladies. — Méthode à suivre dans l'étude des maladies.

Ire *partie.* — *Dommages causés par les plantes.* — Phanérogames. — Cryptogames. — Faux parasites. — Bactéries. — Myxomycètes. — Champignons proprement dits.

SYLVICULTURE (Suite).

La Sylviculture pratique. Les Boisements pro[duits] ... situations, mise en valeur des sols pauvres, par A[... ins]pecteur des forêts. (Médaille d'or de la Société nationale [d'A]griculture.) 1890. Un volume in-12, broché . . . .

> Extrait de la préface de l'auteur : « Mon but étant de démontrer la [fertilité de la] valeur de la manière la plus rationnelle, en toutes situations, les terrains [pau]vris et ceux d'une fertilité moyenne, je ne m'occupe que de ces terrains [... tr]ès justifier cette opinion que, non seulement il n'existe pas de terres [improductives,] beaucoup de sols peuvent être cultivés en vue de récoltes plus [abondantes.]
> I. Considérations en faveur de la culture des arbres résineux [dans les terrains] moyens ou médiocres, peuplés actuellement de bois feuillus. [... Rende]ments comparés des deux genres de production. — II. Principes [... Ter]rains non accidentés, complètement dénudés. Labours à la charrue [...] plaine ou en pente douce présentant des obstacles à l'action de la [charrue ...] envahis par les graminées, bruyères en petit nombre. — VI. Terrains [...] — VII. Des terrains très humides ou marécageux et de ceux d'une faible [terre] végétale. — VIII. Des terrains tourbeux et de l'assainissement en général. — [IX ...] clairiérés et envahis par la bruyère et d'autres plantes parasites. — X. De [la ... des] pépinières, de leur culture et de leur entretien. — XI. De l'étude des [essences] à implanter dans les divers sols pauvres et médiocres ou moyens. [... —] Prix de revient des divers modes de semis et de plantations [... cal]culs s'appliquant à quelques opérations de boisement comparées entre elles, et [... cal]culs se rapportant aux indications du présent traité.

Guide pratique de Reboisement, par Th. Rousseau, con[servateur] des forêts. 2ᵉ édition, revue, corrigée et augmentée. 1890. [Un volume in-12,] broché . . . .

> L'auteur n'a pas eu pour ambition de traiter la question du reboisement sous toutes ses faces. Son but est plus modeste : il vulgarise les méthodes les meilleures et les plus [simples,] en se basant sur son expérience de trente ans de travaux de ce genre, [et d'engager ou de] ger, aussi bien les particuliers que les communes, à mettre en valeur leurs [terres sté]riles et dénudées, sans compromettre leurs capitaux et en évitant des [dépenses inutiles.] Si la 1ʳᵉ édition avait pour objectif surtout le reboisement des [immenses étendues si] prudemment stérilisées qui déshonorent la région méridionale de notre pays, cette édition prend plus d'extension et peut trouver son application dans toute la France.

Essai sur les Repeuplements artificiels et la restauration des vides et clairières des forêts, par Arthur Noël, sous-inspecteur des forêts. [189.] Un volume in-8ᵉ, avec 3 planches . . . .

> Ouvrage couronné par la Société des agriculteurs de France (Prix Droche de mille francs. Session de 1891.)
> Éléments de géographie botanique. La flore forestière française et les régions [de] végétation. Principes généraux des repeuplements artificiels. Les matières premières des [re]peuplements ; graines et semences. Étude des graines des principales essences [...] Plants et pépinières. Détails pratiques sur les pépinières. Les semis forestiers [en général.] Détails pratiques sur les semis forestiers. Les plantations forestières en général [...] et boutures. Détails pratiques sur les plantations forestières. Des repeuplements [artificiels] au point de vue économique et financier. Rédaction des projets, devis et comptes. [...] Exemples et devis de travaux de repeuplement. Résumé analytique. Restauration des [vides] et clairières.

Pâturages et Forêts. Mise en valeur des terres incultes du massif cen[tral] de la France, par F. Gebhart, inspecteur des forêts. 1890. Grand in[-8ᵉ,] avec une planche en héliotypie, broché . . . . 2 fr.

> L'idée de cet ouvrage peut se résumer en quelques mots : encourager les habitants [du] massif central de la France à mettre les terres incultes en valeur par le reboisement [en] leur offrant, comme compensation, le pâturage dans la forêt, créé par la forêt même.

… régions du bois de … forestière, 1888. Grand in-8°.
4 fr. 75

… des Vosges, d'après nature, … par A. MICHIELS. Album in-4° car-
12 fr.

… remarquable de Schuler, il reproduit, avec un réalisme … les plus … de la vie forestière des Vosges.

… administratives en usage à l'École natio-… Thiéry, inspecteur des forêts, professeur à l'École … avec 95 gravures.
12 fr.

… (V. p. 10).

III

PUBLICATIONS DIVERSES

ADMINISTRATION. LÉGISLATION. FINANCES.

Almanach national, Annuaire officiel de la République ...
pour 1891. 193ᵉ année. Un volume in-8°, de 1,500 pages, broché ...
Relié toile : **16 fr. 50**. — Relié basane : **17 fr.** — Demi-chagrin ...

Le caractère officiel de ce document et le contrôle que l'Administration ...
tières qui y sont insérées, en font une publication recherchée par ... les ...
ainsi que par les hommes qui s'occupent des affaires publiques.

NOMENCLATURE DES PRINCIPAUX CHAPITRES. — Souverains et ... ...
bliques, Sacré-Collège ; Corps diplomatique et consulaire français (y compris ...
et étranger, Cabinets étrangers ; Présidence de la République ; Conseil ...
Chambre des députés, Conseil d'État, Cour des Comptes ; Département ... ...
ministrations qui en dépendent (Régies financières, Administration centrale ...
rection générale des postes et télégraphes) ; Liste, par ordre alphabétique, des ...
l'Ordre national de la Légion d'honneur (grands-croix jusqu'aux officiers inclus ...
Français décorés d'Ordres étrangers ; Étrangers décorés de la Légion d'honneur ...
France ; Cultes non catholiques.

Organisation de la Justice. — Tribunal des conflits, Cour de cassation, Cour ...
Tribunaux de première instance, Tribunaux de commerce, Justices de paix, Officiers ...
et ministériels. — *Instruction publique.* — École normale supérieure, Académies ...
cultés, Lycées, Instruction primaire, Composition du Conseil supérieur de l'Instruction ...
blique et composition des Conseils académiques, Écoles spéciales. — *Administra...*
départementale. — Conseils généraux avec la composition du Bureau et la Com...
départementale de chaque Conseil, Préfets, Sous-Préfets, Conseillers de Préfecture ...
des préfectures, Maires *élus* des chefs-lieux de département, d'arrondissement et ...
(loi du 28 mars 1882). — *Armée de terre.* — État-major général et Cadres ...
les armes, Corps d'armée et divisions territoriales, Services et Établissements ...
Armée territoriale. — *Marine.* — Corps de la marine, Troupes, Établissements ...
maritimes, Arrondissements maritimes. — *Colonies.* — Gouvernement, Services ...
et maritimes, administratifs, judiciaires et financiers. — *Algérie.* — Gouvernement ...
et Haute Administration, Services généraux, Services départementaux, Divisions ...
Service judiciaire en Tunisie ; Institut de France, Académie de médecine, Conservatoire ...
tional de Musique et de Déclamation, Écoles de Musique, Théâtres nationaux ...
Caisses d'Amortissement et des Dépôts et Consignations, Banque de France, Crédit ...
de France, Comptoir national d'Escompte, Chambres consultatives d'Agriculture, Chambres ...
de Commerce, Chambres consultatives des Arts et Manufactures, Agents de change, Cour...
tiers d'assurances, interprètes et conducteurs de navires. — *Département de la Seine.*
— Préfecture, Conseil de Préfecture, Conseils municipal et général, Services de la ...
ture, Administrations en dépendant, Mairies de Paris, Assistance publique, Préfecture ...
police ; Clergé archiépiscopal de Paris ; Tribunal de première instance et Tribunal de com...
merce, Justices de paix, Défenseurs ; Officiers publics et ministériels ; Services ...
Service des Finances, Service des Postes et des Télégraphes dans le département de la ...
Seine ; Académie de Paris, Facultés, Lycées et établissements scientifiques ; Chambres ...
Commerce, Bourses, Agents de change et courtiers.

ADMINISTRATION. LÉGISLATION. FINANCES *(Suite)*

Les Écoles françaises civiles et militaires. Programmes, Titres, Diplômes, Prix ou récompenses conférant la dispense du service militaire, par A. ANDRÉANI, chef de division à la Préfecture des Alpes-maritimes. 1891. Volume in-8°, de 386 pages . . . .

Ce volume donne tous les renseignements relatifs à l'institution, aux conditions d'admission, aux programmes, etc., des différentes Écoles d'agriculture : Institut agronomique, Écoles nationales d'agriculture : Grand-Jouan, Grignon, Montpellier ; Écoles départementales, Fermes-écoles, Écoles d'horticulture de Versailles, École nationale forestière de Nancy, École de sylviculture des Barres, École des haras du Pin, Écoles nationales vétérinaires : Alfort, Lyon, Toulouse.

Les Emplois publics. Guide des aspirants aux carrières administratives, par MÉTÉRIÉ-LARREY, deuxième édition, revue, mise à jour des documents officiels les plus récents et considérablement augmentée. Un fort volume in-12, de 440 pages, broché : **4 fr.**   Relié en percaline :

Composition et recrutement des diverses administrations françaises, détails d'avancement, traitement du personnel.

Programmes d'admission à tous emplois, aux divers surnumérariats, aux écoles préparatoires, aux bourses, etc.

La Vaine Pâture. Commentaire des lois du 9 juillet 1889 et du 22 juin 1890, par J. DEJAMME, auditeur au Conseil d'État. 1890. Volume in-12 . . . .

Petit Manuel pratique à l'usage des Rentiers et Pensionnaires de l'État. Rentes sur l'État, pensions civiles, militaires et de la marine, traitements de la Légion d'honneur et rentes viagères pour la vieillesse, par H. PAULME, fondé de pouvoirs de trésorerie générale. 1888. Un volume in-12 . . . . **1 fr.**

Indication détaillée des Caisses et Bureaux où se paient les termes échus des rentes et pensions ; de toutes les formalités à remplir et pièces à produire pour toucher les arrérages ; pour acheter, vendre, convertir, transférer les titres de rentes sur l'État, et des pièces à produire par les héritiers des rentiers et des pensionnaires.

SERVICE MILITAIRE. TIR. ESCRIME. GYMNASTIQUE.

Règlement du 29 juillet 1884, modifié par Décision du 3 janvier 1889, sur l'Exercice et les Manœuvres de l'Infanterie. Volume in-18, cart. *Titres I et II*. Bases de l'instruction, *École du soldat.*
Percaline souple, gaufré or . . . .
— *Titre III. École de compagnie.* . . . .
Percaline souple, gaufré or . . . .
— *Titre IV. École de bataillon* . . . .
Percaline souple gaufré or . . . .
— *Titre V. École de régiment.* . . . .
Percaline souple, gaufré or . . . .
— *Titre VI. Batteries et sonneries.* . . . .

Règlement sur l'Instruction du Tir, approuvé le 1er mars 1888. 1re partie. In-18, cartonné . . . .

Instruction sur l'Armement, les munitions, les champs de tir et le matériel de l'infanterie (2e partie du *Règlement du tir*). 1er mars 1888. In-18, avec 97 figures, cartonné . . . .

SERVICE MILITAIRE. TIR. ESCRIME. GYMNASTIQUE (Suite).

blié pour les écoles primaires par le ministère de l'instruction, par A. DALLY, lieut.-colonel d'infant. territoriale. In-18, broché

La Poudre sans fumée et la Tactique, par G. MOCH, capitaine d'artillerie, adjoint à la section technique de l'artillerie. 3e tirage augmenté de notes. 1891. In-8°, broché .

Le Service dans les États-majors, par le colonel FIX. Volume de 592 pages, broché.

Aide-mémoire de l'Officier d'état-major en campagne, publié par l'état-major général du ministère de la guerre. 3e édition. Volume format de poche, cartonné percaline souple à bande élastique, tranches rouges .

Aide-mémoire de l'Officier du génie en campagne (Ministère de la guerre). 1886. Volume petit in-8°, percale souple, genre toile, à élastique, tranches rouges .

Guide du Télégraphiste en campagne. Télégraphie électrique et optique. Suivi d'un choix des questions posées aux examens des télégraphistes auxiliaires avec leurs solutions, par Em. DERISOUD, professeur à l'Association philotechnique, et R. FALCOU, professeur à l'Association polytechnique. 1891. Volume in-12 avec 85 figures, broché .

Le Chien de guerre moderne et le nouvel Armement. Tactique des chiens de guerre, par L. JUPIN, lieutenant au 32e régiment d'infanterie. 1890. Volume in-8°, broché .

Les Chiens militaires dans l'Armée française, par L. JUPIN, lieutenant au 32e d'infanterie. 1887. 1 volume in-8°, avec 8 grav., br.

Étude sur l'Infanterie légère, son rôle dans le passé et dans le combat d'aujourd'hui, par WALDOR DE HEUSCH, capitaine-commandant des grenadiers belges. Brochure in-8° de 75 pages.

Précis historique de la Tactique de l'infanterie française, depuis 1791 jusqu'à nos jours, destiné aux candidats de l'École supérieure de guerre. Un volume in-12, broché.

Géographie militaire, par le commandant A. MANGA. 1885. — 1re Partie : *Généralités et la France.* — 4e édition, revue et augmentée. Deux volumes in-8°, avec atlas de 129 cartes, la plupart en couleurs; broché.
— 2e Partie : *Principaux États de l'Europe.* 3e édition, revue et augmentée. Trois volumes in-8°, avec atlas de 149 cartes, la plupart en couleurs; broché.
Prix réduit, en faveur des officiers français, suivant décision ministérielle :
1re Partie.
2e Partie.
Reliure en demi-chagrin : 1re Partie.
—   —   2e Partie.

BERGER-LEVRAULT ET Cie [illegible]

Paris, 5, rue des Beaux-Arts — Nancy, 18, rue des Glacis [illegible]

ANNALES
DE LA SCIENCE AGRONOMIQUE [illegible]
FRANÇAISE ET ÉTRANGÈRE

ORGANE DES STATIONS AGRONOMIQUES ET DES LABORATOIRES [illegible]

PUBLIÉES

Sous les auspices du Ministère de l'Agriculture

PAR

Louis GRANDEAU

DIRECTEUR DE LA STATION AGRONOMIQUE [illegible]
PROFESSEUR SUPPLÉANT AU CONSERVATOIRE NATIONAL DES ARTS ET MÉTIERS,
INSPECTEUR GÉNÉRAL DES STATIONS AGRONOMIQUES,
VICE-PRÉSIDENT DE LA SOCIÉTÉ NATIONALE D'ENCOURAGEMENT A L'AGRICULTURE,
MEMBRE DU CONSEIL SUPÉRIEUR DE L'AGRICULTURE

Les Annales forment, par année, deux volumes grand in-8° de 500 pages [illegible] environ, avec gravures, planches et tableaux. — 8e année, 1891.

PRIX DE L'ABONNEMENT POUR LES DEUX VOLUMES DE L'ANNÉE

Paris, **24** fr. — Départements et Union postale, **26** fr.

Les années précédentes se vendent au même prix.

Comité de rédaction des Annales.

Rédacteur en chef : **L. GRANDEAU**, directeur de la Station agronomique de l'Est.

Secrétaire de la rédaction : **H. GRANDEAU**, sous-direct. de la Station agronomique de l'Est.

U. Gayon, directeur de la Station agronomique de Bordeaux.

Guinon, directeur de la Station agronomique de Châteauroux.

Margottet, directeur de la Station agronomique de Dijon.

Th. Schlœsing, de l'Institut, professeur à l'Institut national agronomique.

E. Risler, directeur de l'Institut national agronomique.

A. Girard, professeur à l'Institut national agronomique.

A. Müntz, professeur à l'Institut national agronomique.

A. Ronna, membre du Conseil supérieur de l'agriculture.

Ed. Henry, professeur à l'École nationale forestière.

E. Reuss, inspecteur des forêts [illegible]

Correspondants étrangers des Annales.

Allemagne. — L. Ebermayer, professeur à l'Université de Munich. J. König, directeur de la [illegible] agronomique de Münster. Fr. Nobbe, directeur de la Station agronomique de Tharandt. [illegible] seur à l'Université de Göttingen.

Angleterre. — R. Warington, chimiste du laboratoire de Rothamsted. Ed. Kinch, professeur [illegible] agricole au Collège royal d'agriculture de Cirencester.

Belgique. — A. Petermann, directeur de la Station agronomique de Gembloux.

Canada. — Dr O. Trudel, à Ottawa.

Écosse. — T. Jamieson, directeur de la Station agronomique d'Aberdeen.

Espagne et Portugal. — João Motta da Prego, à Lisbonne.

États-Unis d'Amérique. — E. W. Hilgard, professeur à l'Université de Berkeley (Californie).

Hollande. — A. Mayer, directeur de la Station agronomique de Wageningen.

Italie. — A. Cossa, professeur de chimie à l'École d'application des ingénieurs, à Turin.

Norvège et Suède. — Zetterlund, directeur de la Station agronomique d'Örebro. Dr Al. Atterberg, directeur de la Station agronomique et d'essais de semences de Kalmar.

Suisse. — E. Schultze, directeur du laboratoire agronomique de l'École polytechnique de Zurich.

Russie. — Thoms, directeur de la Station agronomique de Riga.

Principaux mémoires parus dans les années I à VIII

MANGIN (L.). — Recherches sur la pénétration ou la sortie des gaz par les plantes.

MARCANO (V.). — Essais d'agronomie tropicale, 8.

MAYER (A.). — Méthode simple pour reconnaître le beurre falsifié.

MONDESIR (P. de). — Mémoire sur le dosage rapide du carbonate de chaux dans les terres.

MÜLLER (P. E.). — Recherches sur les formes naturelles de l'humus et leur influence du sol, 6.

MÜNTZ (A.). — Sur la dissémination du ferment nitrique et sur son rôle dans les roches, 4.

— Examen préliminaire et échantillonnage des engrais, 4.

— Méthodes d'analyse des terres, 8.

— Rapport fait au comité des stations agronomiques et des laboratoires agricoles sur la mission des méthodes analytiques, 4.

— Recherches chimiques sur la maturation des graines, 1.

— Recherches sur la formation des gisements de nitrate de soude, 8.

MÜNTZ (A.) et GIRARD (A.). — Expériences faites à l'Institut national agronomique sur du fumier, 2.

MÜNTZ (A.) et MARCANO (V.). — Sur la formation des terres nitrées dans les régions tropicales.

PAPARELLI (E.). — Etude chimique de l'olivier, 5.

PETERMANN (A.). — L'analyse de la betterave à sucre par la méthode dite de décomposition du topinambour. — Etude sur les enveloppes des graines. — Le fumier.

— Contribution à la chimie et à la physiologie de la betterave à sucre, 7.

— Contribution à la question de l'azote, 8.

— Documents statistiques sur les laboratoires et les stations agronomiques de la Belgique.

— Dosage de l'acide phosphorique assimilable, 1.

— Expériences pour combattre la maladie de la pomme de terre, d'après la méthode.

— Rapport sur la question des engrais présenté au conseil supérieur d'agriculture de Belgique.

— Recherches sur le meilleur mode d'emploi des engrais artificiels appliqués à la culture de la betterave, 1.

— Recherches sur la valeur agricole des déchets azotés des industries, 3.

— Richesse en nicotine du tabac belge, 3.

PRILLIEUX (E.). — Les maladies vermiculaires des plantes cultivées et les nématodes parasites qui les produisent, 1.

RAULIN (J.). — Dosage de l'humus et de la potasse dans les terres, 7.

REUSS et BARTET. — Etude sur l'expérimentation forestière en Allemagne et en Autriche, 7.

RISLER (J.). — Bibliographie française et étrangère, 1 à 7.

— Comptes rendus des travaux scientifiques et pratiques des stations agronomiques allemandes en 1884 (extrait de l'allemand), 2.

— Rapport sur l'organisation et le fonctionnement des stations agronomiques en Prusse (extrait de l'allemand), 2.

— Les scories de déphosphoration du fer et leurs applications agricoles, du Dr M. Fleischer (traduction de l'allemand).

— Statistique des stations agronomiques et des laboratoires agronomiques des États de l'Europe, allemand (traduit), 2.

RONNA (A.). — Essai géologique sur les terres à blé en France et en Angleterre, 1.

— Travaux et expériences du Dr A. Vœlcker, 2, 3, 4.

SCHLŒSING (Th.). — Sur la condensation des gaz par la terre végétale, 1.

— Relations de l'azote atmosphérique avec la terre végétale, 5.

SCHRIBAUX (A.). — Organisation et fonctionnement de la station d'essais et de contrôle des semences de l'Institut national agronomique de Paris, 1.

— De la valeur agricole de quelques semences, 1.

SCHULTZE. — Recherches sur les éléments azotés des plantes, 4.

SHINKIZI NAGAI (Dr). — L'agriculture au Japon, son état actuel et son avenir (traduit du japonais par H. Grandeau), 4.

TRAVAUX de la station de chimie végétale de Meudon (1883-1889), 7.

VIVIER (A.). — Examen chimique des phosphates de Logrozean, 1.

— Sur la préparation de l'acide carbonique, de l'hydrogène et de l'acide sulfhydrique, 2.

VUILLEMIN (P.). — Les tubercules radicaux des légumineuses, 5.

WAGNER. — La fumure rationnelle des plantes agricoles, 8.

WARINGTON. — Notice sur les réactifs de l'acide nitreux et de l'acide nitrique (traduit de l'anglais par Margottet), 1.

WOLF (J.). — Le commerce des blés et la concurrence de l'Inde orientale (traduit de l'allemand par H. Grandeau), 3.

WOLFF (E.). — Recherches sur l'alimentation du cheval, 5, 7.

ZETTERLUND (C.-G.). — Sur les qualités des semences scandinaves, 15.

Nancy, imp. Berger-Levrault et Cie

www.ingramcontent.com/pod-product-compliance
Lightning Source LLC
LaVergne TN
LVHW011441180726
843503LV00002BA/772